H. J. Blaß, M. Frese

Schadensanalyse von Hallentragwerken aus Holz

Titelbild: Deutschlandkarte mit Kreisen

Band 16 der Reihe
Karlsruher Berichte zum Ingenieurholzbau

Herausgeber
Karlsruher Institut für Technologie (KIT)
Lehrstuhl für Ingenieurholzbau und Baukonstruktionen
Univ.-Prof. Dr.-Ing. H. J. Blaß

Schadensanalyse von Hallentragwerken aus Holz

Die Arbeiten wurden gefördert aus Mitteln des
Deutschen Instituts für Bautechnik. Den Sachverständigen
H. Brüninghoff, H. Kreuzinger, R. Maderholz, H. Schmidt
und S. Winter sei für die freundliche Überlassung ihrer
zahlreichen Gutachten über geschädigte Hallentragwerke
aus Holz gedankt.

H. J. Blaß, M. Frese
Karlsruher Institut für Technologie (KIT)
Lehrstuhl für Ingenieurholzbau und Baukonstruktionen

Unter Mitarbeit von H. Brüninghoff, H. Kreuzinger, B. Radović
und S. Winter

Impressum

Karlsruher Institut für Technologie (KIT)
KIT Scientific Publishing
Straße am Forum 2
D-76131 Karlsruhe
www.ksp.kit.edu

KIT – Universität des Landes Baden-Württemberg und nationales
Forschungszentrum in der Helmholtz-Gemeinschaft

KIT Scientific Publishing 2010
Print on Demand

ISSN 1860-093X
ISBN 978-3-86644-590-1

Inhalt

1 Einleitung

1.1 Motivation

Zu Beginn des Jahres 2006 ereignete sich in Deutschland und auch in den Nachbarländern eine Reihe von Einstürzen teilweise Jahrzehnte alter Dachtragwerke. Die Mehrzahl dieser Tragwerke war aus dem Baustoff Holz errichtet worden und bestand aus Schnittholz, Brettschichtholz oder Holzwerkstoffen mit geklebten oder mechanischen Verbindungen. Obwohl das Versagen der meisten Konstruktionen unter Einwirkung von Schnee geschah, kann eine Überlastung durch eine außergewöhnlich hohe Schneelast oberhalb der charakteristischen Einwirkungen als alleinige Ursache für die meisten Einstürze ausgeschlossen werden. Viele aus der Vergangenheit bekannte Schadensfälle zeigen, dass für das Versagen eines Tragwerks mehrere gleichzeitig wirkende Ursachen verantwortlich sind. Mögliche Ursachen sind: Planungs-, Ausführungs- und Montagefehler; bauphysikalische Fehler; zu hohe Einwirkungen aus Eigen-, Wind- und Schneelasten; ungeeignete Tragkonstruktionen und Ursachen, die im Zusammenhang mit ungenügender Materialqualität, Feuchtigkeitszutritt, klimatischen Einwirkungen und mangelhafter Instandhaltung stehen. Da Schadensfälle der Vergangenheit, die sich in der Bundesrepublik Deutschland ereigneten, bislang noch nicht einer ganzheitlichen statistischen und systematischen Betrachtung unterzogen wurden, wurden in einer ersten Forschungsarbeit (Blaß und Frese 2007) Grundlagen für eine solche Betrachtung erarbeitet. Darauf direkt aufbauend sollten in dieser anschließenden Forschungsarbeit vor allem Schadensfälle erfasst, ausgewertet und Schlussfolgerungen gezogen werden.

1.2 Ziel der Arbeit

Das Ziel der ersten Forschungsarbeit war der Aufbau einer zunächst überschaubaren „Arbeits-Datenbank", in der relevante Daten zu über 140 Schäden an Hallentragwerken aus Holz gespeichert wurden, und im Wechsel damit vor allem die Entwicklung eines Systems, mit dem diese Daten dargestellt und Forschungsfragen beantwortet werden können. Nach Abschluss der ersten Arbeit hatte sich gezeigt, dass für eine differenzierte und ertragreiche Schadensanalyse weitaus mehr als 140 Schadensfälle in die Datenbank einzugeben und auszuwerten waren. Die Erweiterung der Datenbank mit Schadensfällen (Vogelsang 2008), Verbesserungen bei der Erfassung und Darstellung der Daten und erweiterte Auswertungen waren damit das Ziel dieses Folgeprojekts. Zum Ausbau der Datenbank lagen noch über 400 weitere Schadensbeschreibungen, vor allem aus einer älteren Sammlung, bereit. Auswertungen mit Kontingenztabellen zur Erfassung von Zusammenhängen bei nominal skalierten Größen sollten die differenzierte Analyse ermöglichen und damit einem tieferen Verständnis von Schäden im Hallenbau, aber auch allgemein im Ingenieurholzbau, und ihrer eigenen Systematik dienen. Auf der Grundlage der Ergebnisse

dieser Arbeit sollten dann allgemeine Konsequenzen und solche, die den bauaufsichtlichen Handlungsbedarf betreffen, benannt werden.

1.3 Hinweise zum Bericht

Es folgt das Kapitel Datenerfassung von Schadensfällen. Darin wird die Herkunft der
Daten beschrieben und die Methode ihrer Erfassung erläutert. Es wird ein eigens für
die Forschungsarbeit verwendetes Vokabular definiert, mit dem die vergleichsweise
uneinheitlichen Informationen in Schadensbeschreibungen zusammengetragen und
systematisch in einer Datenbank abgespeichert werden. Im Kapitel Darstellung der
Bauwerke und ihrer Schäden werden im Sinne der beschreibenden Statistik die er-
hobenen Daten dargestellt und erläutert. Im Kapitel Schlussfolgerungen – ausge-
wählte Fragestellungen werden fünf unterschiedliche Themenbereiche (Schneelasten, Satteldachträger, Versagenswahrscheinlichkeit von Ein- und Mehrfeldträgern,
Schäden infolge verzögert gewonnener Erfahrungen und Einsturz der Eissporthalle
in Bad Reichenhall) erörtert. Diese Auseinandersetzungen sind erst im Zuge der
Schadensanalyse entstanden und stellen daher kein im Forschungsantrag anvisier-
tes Ziel dar. In der Zusammenfassung werden aus der Perspektive nach der Schadensanalyse Konsequenzen benannt, die erstens sich allgemein für die Planung,
Konstruktion und den Unterhalt von Holzkonstruktionen ergeben könnten, zweitens
den bauaufsichtlichen Zusammenhang und drittens weitere Forschungsaktivitäten
betreffen. Dieser Bericht ersetzt vollständig wie im Sinne einer zweiten Auflage die
nicht veröffentlichte Forschungsarbeit Blaß und Frese (2007).

2 Datenerfassung von Schadensfällen

2.1 Allgemeines

Bauwerke und ihre Tragsysteme sind i. d. R. aus immer wiederkehrenden Einzelbauteilen zusammengesetzt. Diese wiederum sind stets mithilfe ähnlicher Konstruktionsprinzipien miteinander verbunden. Insofern sind Bauwerke einer bestimmten Gruppe, hier Hallentragwerke aus Holz, untereinander gut vergleichbar. Das vereinfacht die Datenerfassung und auch die spätere gemeinsame Betrachtung von Schadensereignissen.

Die Herkunft der Daten über Schadensfälle ist folgendermaßen unterteilt:

- Gutachten von im Holzbau Sachverständigen
- Sammlung von Schadensmeldungen, die u. a. von Prof. H. Brüninghoff a. D., Bergische Universität Wuppertal zusammengetragen wurde. Diese Sammlung enthält vor allem Schadensmeldungen an die Studiengemeinschaft Holzleimbau e. V.
- Evaluierung geschädigter Hallentragwerke aus Holz, die von Prof. S. Winter und A. Wolfrum, Technische Universität München durchgeführt wurde
- Dokumentation und Schadensanalyse von Halleneinstürzen in Österreich im Winter 2005/2006, die von Prof. G. Schickhofer, H. Stingl, Technische Universität Graz und W. Leeb, Holzbau Forschungs-GmbH durchgeführt wurde
- Einzelfälle aus der Literatur: Brüninghoff et al. (1987), Dröge und Dröge (2003), Feldmeier (2007), Fritzen (2008), Geidner (2003) und Walter (2007)
- Sonstige Meldungen und Hinweise, die den Verfassern mitgeteilt wurden

Die Angaben zu Bauwerken, Bauteilen und ihren Schäden sowie zu Ursachen unterliegen zum Teil der persönlichen Einschätzung des jeweiligen Sachverständigen oder des Verfassers einer Schadensbeschreibung bzw. Schadensmeldung. Das sei eine wichtige Perspektive, die bei der Datenerfassung nach Möglichkeit aufrechterhalten wurde. Es wurden deshalb bei der Erfassung keine Bewertungen der Angaben, keine Vervollständigungen und auch keine Auslassungen vorgenommen. Ausnahmen sind Ergänzungen und Korrekturen, die sich zwingend mit der Logik oder den baulichen Gegebenheiten begründen lassen. Z. B. werden Reithallen grundsätzlich den unbeheizten Hallen zugeordnet, obwohl dazu in Schadensbeschreibungen i. d. R. keine Angaben vorliegen. In Einzelfällen kann es durchaus vorkommen, dass Schadensfälle, die qualitativ eigentlich vergleichbar sind, durch zwei Sachverständige unterschiedliche Angaben erhielten.

Es wurde ein System entwickelt, mit dem ein Schadensereignis schnell und zuverlässig erfasst und später gemeinsam mit anderen Ereignissen ausgewertet werden kann. Als Datenspeicher wurde eine Excel-Datenbank angelegt. Für die Darstellung und statistische Auswertung der Einträge wurde das Programmsystem SAS verwendet. Dieses wurde so programmiert, dass damit ohne nennenswerte Eingriffe auch auf einen in Zukunft wachsenden Datenbestand zugegriffen werden kann. Die Daten eines Schadensfalls werden mit einem festgelegten Vokabular, bestehend aus Schlagwörtern, erfasst. Sie sind nach thematischen Gesichtspunkten fünf Gruppen zugeordnet. Die Systematik zeigt das Baumdiagramm in Bild 2-1. Demnach wird zwischen vier Parametergruppen zur Erfassung der Bauwerks-, Bauteil-, Baustoff- und Schadensdaten sowie den Fehlerquellen unterschieden. Der allgemeinere Begriff Fehlerquelle wurde dem Begriff Ursache vorgezogen. Zum einen ist das Festlegen einer Ursache nicht immer wirklich möglich, zum anderen werden mit dem Begriff Fehlerquelle auch allgemein begleitende Umstände mit eingeschlossen, die einer Schadensbeschreibung entnommen werden können. Mit wachsendem Datenbestand besteht dann die Möglichkeit, im Sinne einer Ursachenforschung typische wechselseitige Beziehungen zwischen Schäden und Fehlerquellen bzw. allgemein zwischen Parametern aufzuzeigen.

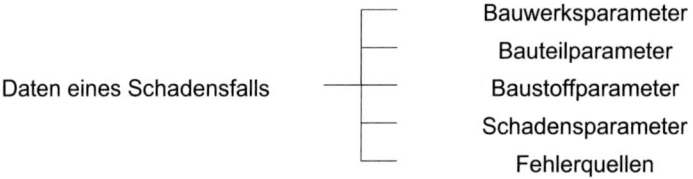

Bild 2-1   Hauptgliederung der Schadensdaten in Parametergruppen und Fehlerquellen

2.2 Definitionen der Parameter und Fehlerquellen

Erläuterungen zu Parametern und Definitionen von Schlagwörtern werden im Folgenden nur da gegeben, wo sie für das Verständnis des sachkundigen Lesers als notwendig erachtet werden. Schlagwörter werden am Zeilenanfang in Kursivschrift wiedergegeben, ausgenommen die folgenden Baumdiagramme in Bild 2-7 bis Bild 2-11. In den Bildern 2-7 bis 2-10 sind Parameter in der zweiten und ihre Schlagwörter in der dritten Spalte aufgeführt.

2.2.1 Bauwerksparameter

Die Bauwerksparameter und ihre Schlagwörter sind in Bild 2-7 dargestellt. Die Parameter wurden erfasst, um in der Datenbeschreibung ein Bild der geschädigten Bauwerke zu vermitteln. Damit sollen im Wesentlichen folgende Fragen beantwortet werden: Woher stammen die Schadensdaten, in welchen Regionen Deutschlands befinden sich die Bauwerke, wann sind sie errichtet worden und welche Nutzung war vorherrschend?

Quelle   Sachverständige, die Schadensbeschreibungen in Form von Gutach-
              ten, Berichten und Meldungen zur Verfügung gestellt haben
              Gutachter A,B,C...: bislang beteiligte Sachverständige
              Sonstige: Sachverständige mit geringem Datenumfang
Sammlung   Zum Zwecke einer internen Ordnung wurden die Schadensbeschrei-
              bungen in unterschiedlichen Sammlungen archiviert. Auf die Angabe
              von Schlagwörtern wird verzichtet.
Bemerkung Schadensbeschreibung
              Es wird eine Klassifizierung vorgenommen, weil die Qualität der Da-
              ten von der Gründlichkeit der Begutachtung und der Beschreibung
              eines geschädigten Bauwerks abhängt. Insofern lassen sich neben
              gemeinsamen auch getrennte Auswertungen, z.B. nur von Gutach-
              ten, vornehmen, die eine höhere Aussagekraft erwarten lassen als
              eine Auswertung nur von Berichten oder Meldungen.
              Gutachten: stets schriftlich und umfangreich
              Bericht: stets schriftlich und kleiner Umfang
              Meldung: auch telefonisch
Nummer Schadensbeschreibung
              Interne Nummer, i. d. R. vom Sachverständigen vergeben
Schadensfall Laufende Nummer für unterschiedliche Schadensfälle in einem Bau-
              werk
Standort   Gemeinde/Stadt
Kreis   (Land-)Kreis oder kreisfreie Stadt in Deutschland
ID Kreis   Zuweisungsvariable zu einem (Land-)Kreis oder einer kreisfreien
              Stadt in einer Deutschlandkarte
Höhe über NN Zumeist die mittlere Höhenlage einer Gemeinde/Stadt, die als
              Standort für das Bauwerk angenommen wurde; bei stark schwan-
              kenden Höhenlagen innerhalb einer Gemeinde/Stadt hinsichtlich der
              wahren Höhenlage eines Bauwerks u. U. mit Unsicherheiten behaftet
Schneelastzone alt / s0
              Schneelastzone bzw. Regelschneelast nach DIN 1055-5 (1975) bzw.
              nach DIN 1055-5 A1 (1994)
Schneelastzone neu / s_k
              Schneelastzone bzw. charakteristischer Wert der Schneelast nach
              DIN 1055-5 (2005)
Baujahr   In Einzelfällen auch ersatzweise das Datum von statischen Berech-
              nungen oder von Ausführungsplänen
Hülle / Nutzungsklasse Bauwerk
              Unabhängig davon, in welchen klimatischen Bedingungen sich ge-
              schädigte Bauteile befinden (vgl. Nutzungsklasse Bauteil), wird die

Hülle/NKL Bauwerk mit den vorgegebenen Schlagwörtern/Klassen beschrieben. Die Situation, z.B. von frei bewitterten Bauteilen bei sonst geschlossenen Hallen, wird durch Angabe der entsprechenden Nutzungsklasse für das betroffene Bauteil präzisiert.

Temperatur   *teilweise stark beheizt:* Gelegentlich machen Gutachter darauf aufmerksam, dass geschlossene Bauwerke, z.b. Ziegeleien mit Tunnelöfen, Bäckereien, durch ihre zweckgebundene Nutzung sehr stark im Gebäudeinneren aufgeheizt werden. Damit ist dann auch eine ausgedehnte Aufheizung der im Gebäudeinneren vorhandenen Bauteile verbunden.

2.2.2 Bauteilparameter

Die Bauteilparameter und ihre Schlagwörter sind in Bild 2-8 dargestellt. Sie stehen im Gegensatz zu den Bauwerksparametern im direkten Zusammenhang mit einem Schaden und geben vor allem Auskunft darüber, welche Tragsysteme, Bauteile und Bauteilformen bei Schadensereignissen beobachtet werden.

betroffenes Tragsystem

I. d. R. tritt ein Schaden in einem Tragsystem auf, das aus einem oder mehreren Bauteilen besteht (vgl. betroffenes Bauteil). Die Schlagwörter zur Unterscheidung von einzelnen Systemen wurde Natterer et al. (1991) entnommen.

Fachwerkträger: Der Fachwerkträger wurde als betroffenes Tragsystem aufgeführt, obwohl er an sich kein solches darstellt. Es erwies sich jedoch als zweckmäßig, die zweistufige Tragsystem-Bauteil-Hierarchie nicht weiter auszubauen. Um beispielsweise den Fall eines gerissenen Fachwerkfüllstabs abzudecken, wird ein auf Zug beanspruchter Fachwerkfüllstab im Sinne des betroffenen Bauteils nur als Zugstab bezeichnet, der sich im Tragsystem Fachwerkträger befindet. Das Tragsystem des Fachwerkträgers wird dann nicht weiter definiert.

Stützweite Tragsystem

Abstand der Auflager; bei Durchlaufträgern keine Korrektur durch Angabe des Abstands zwischen den Momenten-Nullpunkten

betroffenes Bauteil

Betroffene Bauteile werden hinsichtlich ihrer Beanspruchung durch Schnittkräfte unterschieden. Siehe hierzu Bild 2-2. Die Definitionen gelten sinngemäß für Zugstäbe, Biegeträger mit Zug und Zugstäbe mit Biegung.

Druckstab mit Biegung: Dieser wird nicht dauerhaft durch Lasten rechtwinklig zur Bauteilachse beansprucht (Ausnahme: Bogen).

Fachwerkträger: Er stellt im Gegensatz zum Vollwand-Biegeträger eine aufgelöste Konstruktion dar, bei der im Idealfall keine globalen Schubspannungen in den Querschnitten wirksam sind.

Bauteilgruppe   Zur Vermeidung einer unbeabsichtigten Vervielfachung von bauteilbezogenen Angaben, z.B. Höhe, Breite, Stützweite und mittlere Holzfeuchte, bei statistischen Auswertungen wird bei mehreren unterschiedlichen Initialschäden (Def. in Abschn. 2.2.4) an einem Bauteil das Bauteil durch

1: beim ersten Schaden und durch

0: bei weiteren Schäden gekennzeichnet.

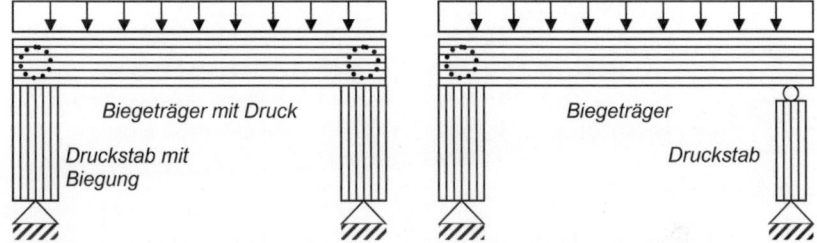

Bild 2-2   Beispielhafte Darstellung von Schlagwörtern für betroffene Bauteile

Bauteilform   Form des Bauteils bezüglich der Ansichtsfläche

trapezförmig: Bauteile mit veränderlicher Querschnittshöhe wie z.B. Pultdachträger oder Rahmenstiele und –riegel

Satteldach: wenn unbekannt ist, ob der Untergurt gerade oder geneigt ist

UG: Untergurt

Bemerkung Bauteil

Erfassung von Bauteilbesonderheiten hinsichtlich der Querschnittsgestaltung

Doppelträger: häufig anzutreffen bei Turnhallen zur Aufnahme der Trennvorhänge; Hintergründe hierzu bei Kreuzinger und Preuss (2001)

keine Differenzierung: Es liegt entweder keine Abweichung vom einfachen Rechteckquerschnitt vor oder Angaben über die Querschnittsgestaltung fehlen.

Bauweise   Art und Weise, wie etwas gebaut ist

Greim: Nagelverbindung System „Greim"

DSB: Dreieck-Streben-Bauart

Kämpf: Kämpfstegbauweise

First m. Trockenfuge: gilt auch für Satteldachträger mit ausgerundetem First

keine Differenzierung: Es liegen keine weiteren Angaben zur Bauweise vor.

Nutzungsklasse Bauteil
Gelegentlich ist das betroffene Bauteil einer anderen Nutzungsklasse zuzuweisen als das Bauwerk selbst. Hier wird also nur die Abweichung von der Nutzungsklasse angegeben, die für das Bauwerk gilt.

Querschnitt
Kein Parameter, in Bild 2-8 nur aus Gründen der Ordnung dargestellt
Höhe: bei Fachwerkträgern die Gesamthöhe
Breite: bei Doppelträgern bzw. bei Hohlkastenquerschnitten die Breite eines Steges
Höhe First: bei Satteldachträgern mit Trockenfuge (zwischen Firstkeil und Träger) nur die Höhe im First ohne Anteil aus Firstkeil

Holzfeuchte
Mittelwert der Bauteil-Holzfeuchte; Einzelwerte aus elektrischen Widerstandsmessungen sind vor allem in Gutachten zu finden.

2.2.3 Baustoffparameter

Die Baustoffparameter, die sich auf betroffene Bauteile beziehen, und ihre Schlagwörter sind in Bild 2-9 dargestellt.

Baustoff
BalkenSH: Balkenschichtholz
BSH/VH: bei Verbundbauteilen aus Brettschichtholz und Vollholz
BSH/HWST: bei Verbundbauteilen aus Brettschichtholz und Holzwerkstoffen

Hersteller
Name des herstellenden Betriebs fast ausschließlich von Brettschichtholz
Firma 1,2,3…: bislang identifizierte Firmen

2.2.4 Schadensparameter

Die Schadensparameter, mit denen das Schadensbild beschrieben wird, und ihre Schlagwörter sind in Bild 2-10 dargestellt.

Initialschaden
Beendigung der Fähigkeit eines Bauteils, eine geforderte Funktion hinsichtlich der Standsicherheit, der Gebrauchstauglichkeit oder des Aussehens (ästhetische Aspekte, vgl. Bild 4-14) uneingeschränkt zu erfüllen. Bei der Festlegung eines Initialschadens wird – soweit möglich – berücksichtigt, dass dieser weder direkt noch indirekt durch einen Schaden an einem anderen Bauteil verursacht worden ist.

Von besonderer Bedeutung sind die Initialschäden Druckfalten, Querdruckversagen, Risse in Faserrichtung, Schubbruch, Zugbruch, Zug- oder Schubbruch und Blockscheren, weil durch diese Schadensformen die Festigkeitswerte von Holz oder Holzwerkstoffen bei Traggliedern in Bauteilgröße unter Beweis gestellt werden. Diese von Labormethoden unabhängige Perspektive kann Stärken, aber auch Schwächen von Holz oder Holzwerkstoffen in Bezug auf die Gesamtheit der analysierten Bauwerke verdeutlichen.

Gleichartige Initialschäden in einem Bauwerk (vgl. Bild 2-3), die zeitlich gemeinsam eingetreten sind, werden nur einmal erfasst. Auf diese Weise soll vermieden werden, dass Initialschäden innerhalb eines Bauwerks, die ein gemeinsames Ursache-Wirkung-Prinzip besitzen, in der Datenbank quantitativ überbewertet werden.

bedenkliche Verformung: Verformungen, die ein tolerierbares Maß bereits überschritten haben und mit dem bloßen Auge erkennbar sind; sie können *horizontal* oder *vertikal* gerichtet sein.

Knicken: Sonderform der bedenklichen Verformung bei druckbeanspruchten Traggliedern

Durchfeuchtung: der Nutzungsklasse des Bauteils nicht entsprechende zu hohe Holzfeuchte

Fäule (= Destruktions- oder Korrosionsfäule): infolge von Holzfeuchten über 20 % und schließlich von Holz zerstörenden Pilzen

Bläue- oder Schimmelpilze: infolge von Holzfeuchten über 20 % und schließlich von Holz verfärbenden Pilzen, nur das Aussehen, aber nicht die Festigkeit des Holzes betreffend

Korrosion: betrifft nur Stahlteile

Druckfalten: korrespondiert mit der Druckfestigkeit in Faserrichtung

Querdruckversagen: korrespondiert mit der Druckfestigkeit rechtwinklig zur Faserrichtung

Risse in Faserrichtung: korrespondiert mit der Zugfestigkeit rechtwinklig zur Faserrichtung. Betrifft auch offene Klebefugen, die nicht durch Spannungen hervorgerufen wurden. Durch Angabe entsprechender Fehlerquellen kann diese Vereinheitlichung später differenziert werden.

Schubbruch: korrespondiert mit der Schubfestigkeit

Zugbruch: korrespondiert mit der Zugfestigkeit in Faserrichtung

Zug- oder Schubbruch: Fälle, in denen eine eindeutige Trennung zwischen den Versagensformen hinsichtlich Zug- oder Schubbeanspruchung nicht möglich ist

Blockscheren: Blockscherversagen (vgl. DIN 1052 2008, Anhang J)

ohne: Fälle, in denen ein Initialschaden nicht vorliegt oder noch nicht eingetreten ist, aber die Voraussetzungen dafür aufgrund von augenscheinlichen Fehlerquellen gegeben sind

Bemerkung (= Bem.) Initialschaden

genauere Beschreibung eines Initialschadens; einige Schlagwörter sind nur auf bestimmte Initialschäden anwendbar. Siehe hierzu die Zuweisung in der vierten Spalte in Bild 2-10.

Risstiefe

in mm; größte vom Gutachter (i. d. R. mit einer Fühlerblattlehre, t = 0,1 mm) in einem Bauwerk gemessene Risstiefe; bei gegenüberliegenden Rissen in einer Klebefuge die Summe der beiden Messwerte; sie bezieht sich nur auf den Initialschaden Risse in Faserrichtung. Bei unterschiedlichen Fehlerquellen, die zu Rissen führten, sind auch mehr als zwei Messwerte für die Risstiefe je Bauwerk möglich.

bezogene Risstiefe

Risstiefe geteilt durch Querschnittsbreite

Bild 2-3   Dachtragwerk aus Satteldachbindern mit geneigtem Untergurt, zwei Träger mit Querzugschaden; in diesem Fall und ähnlich gelagerten Fällen wird z.B. der Initialschaden Risse in Faserrichtung nur einmal erfasst, obwohl zwei Bauteile betroffen sind.

Schadensstelle (y,z)

Hiermit wird die Lage des Initialschadens im Bauteilquerschnitt (y-z-Ebene) festgelegt (vgl. Bild 2-4).

Trägerflanken: bei BSH im Falle von Rissen in Faserrichtung
Blockfuge: Fugen einer Blockverklebung im Falle von Rissen in Faserrichtung
Druckzone: auch Obergurt von Fachwerkträgern und Querschnitte von Druckstäben
neutrale Faser: Bereich rechnerisch hoher Schubspannungen
Zugzone: auch Untergurt von Fachwerkträgern und Querschnitte von Zugstäben

Schadensstelle (x,z)

Hiermit wird die Lage eines Initialschadens hinsichtlich der Bauteilansicht (x-z-Ebene) festgelegt (vgl. Bild 2-5). Das ermöglicht, Häufungen von Initialschäden an den vorbezeichneten Stellen zu erkennen, aber auch Plausibilitätskontrollen durchzuführen.

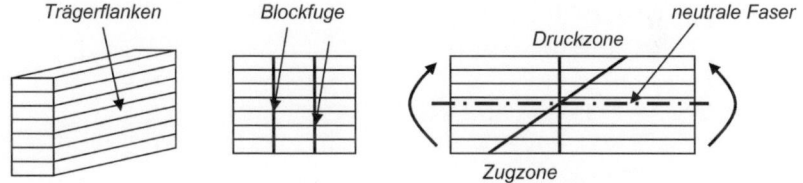

Bild 2-4   Schlagwörter für Schadensstellen im Bauteilquerschnitt

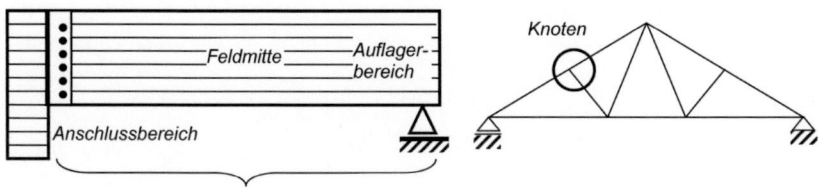

Bild 2-5   Schlagwörter für Schadensstellen hinsichtlich der Bauteilansicht; Beispiel für einen Haupt-Nebenträger-Anschluss und einen Fachwerkträger

Bemerkung (= Bem.) Schadendatum

entdeckt: Datum, an dem ein Schaden entdeckt wurde, aber nicht zwingend eingetreten ist; ersatzweise wird i. d. R. das Datum in geeigneten Schriftstücken oder das Datum der Ortsbegehung angegeben.

eingetreten: Datum, an dem der Schaden eingetreten ist. Das sind zumeist nur Datumsangaben zu Versagen und Einstürzen.

Standsicherheit

Vielen Gutachten, Berichten und Meldungen kann eine Beurteilung der Standsicherheit entnommen werden. Die Schlagwörter dazu lauten u.a.:

noch gewährleistet: trifft auf Tragwerke/Bauteile zu, bei denen in Kürze Sanierungsarbeiten für eine ausreichende Standsicherheit notwendig sind

gefährdet: Hier liegt bereits mindestens ein gravierender Initialschaden vor, der die Standsicherheit gefährdet.

Versagen Bauteil: Als Folge eines Initialschadens kann ein Bauteil seine Funktion nicht mehr erfüllen. Es sind bereits Maßnahmen getroffen worden, um einen Einsturz zu vermeiden, z.B. Notabstützungen (vgl. Bild 2-3).

Einsturz Bauteil: Als Folge eines Initialschadens ist ein Bauteil aus seiner planmäßigen Lage im Tragwerk abgestürzt.

Einsturz Tragwerk: Als Folge eines Initialschadens ist ein Tragwerk eingestürzt.

s gemessen   im Schadensfall tatsächlich gemessene Schneelast

Ausnutzung   rechnerische Ausnutzung des betroffenen Bauteils in Bezug auf einen Spannungsnachweis, der im direkten Zusammenhang mit einem Initialschaden steht; unmittelbar vor Eintritt des Schadensfalls; soweit angegeben unter Berücksichtigung gegenwärtig gültiger Regeln und tatsächlicher Verhältnisse. Diese Angabe ist sehr selten vorhanden.

2.2.5 Fehlerquellen

Die allgemeinen Fehlerquellen sind in der zweiten und ihre genaueren Bestimmungen in der dritten Spalte in Bild 2-11 dargestellt. Sowohl allgemeine Fehlerquellen als auch Bestimmungen sind Schlagwörter. Damit lassen sich Initialschäden zunächst im Zusammenhang mit allgemeinen Fehlerquellen untersuchen und letztere noch weiter aufschlüsseln. Eine solche Systematik schafft Übersichtlichkeit und ermöglicht differenzierte Betrachtungen. Es wurden 12 Fehlerquellen definiert. Bauphysik und Konstruktion wurden, obwohl sie ihren Ursprung bereits in der Planung haben, wegen der großen Bedeutung als eigene Quelle aufgeführt. Aus demselben Grund ist die Fehlerquelle Materialqualität, die streng genommen der Ausführung bei der Herstellung von Bauteilen aus Holz und Holzwerkstoffen unterzuordnen wäre, auch eine eigene Quelle. Die Fehlerquellen Planung, Bauphysik und Konstruktion betreffen dann die Bauwerksplanung, Ausführung und Montage stehen im Zusammenhang mit den Arbeiten der ausführenden Baufirmen und die Materialqualität betrifft den Hersteller (fast ausnahmslos) von Brettschichtholz. Insofern lassen sich Fehlerquellen am Bau beteiligten Personengruppen, die unterschiedliche Funktionen innehaben, teilweise zuordnen. Die Fehlerquellen Feuchtigkeit, Insekten und Klimawechsel sind holzspezifische kritische Einwirkungen. Die Fehlerquelle Schwinden oder Quellen ist eine physikalische Gesetzmäßigkeit, die nur zusammen mit einer anderen Fehlerquelle, vor allem Konstruktion, angegeben wird.

Planung *Vorschrift u. Ingenieurwissen:* Verstöße gegen Vorschriften/allgemein anerkannte Regeln der Technik, z.B. auch Nichtbeachtung von Bestimmungen allgemeiner bauaufsichtlicher Zulassungen oder von Prüfeinträgen, bzw. Nichtbeachtung von Ingenieurwissen, z.B. in der Fachliteratur und in Erläuterungen zu Fachnormen
Änderung Vorschrift: Nachweise, die nach zur Bauzeit gültigen Regeln erfüllt waren, aber nach gegenwärtigen Regeln oder neueren wissenschaftlichen Erkenntnissen nicht erfüllt wären. Dieses Schlagwort findet insbesondere bei Schäden infolge verzögert gewonnener Erfahrungen Verwendung. Es wird nur dann aktiviert, wenn in der Quelle eindeutige Angaben dazu gemacht werden. Einige Beispiele dazu sind:
- Querzugproblem in gekrümmten Trägerbereichen mit öffnenden Biegemomenten
- Tragfähigkeit in Kraft- und Faserrichtung hintereinander liegender stiftförmiger Verbindungsmittel
- Wirkung hoher Dauerlastanteile
- Schubfestigkeit
- Einfluss des beanspruchten Holzvolumens auf die Festigkeit

Materialwahl: Einsatz von Materialien, die für den vorgesehenen Verwendungszweck ungeeignet sind

Standsicherheitsnachweis: nachgewiesene Rechenfehler im Standsicherheitsnachweis

Ausführung *Entwässerung:* unzureichende Entwässerung von Flachdächern, z.B. zu wenig Abläufe, Abläufe in Hochpunkten. Eine gelegentlich anzutreffende Fehlerquellen-Kombination ist beispielsweise Ausführung (Entwässerung) + Belastung (Wassersack).

Festigkeitsklasse: Verwendung einer geringeren Festigkeitsklasse als in der Planung vorgesehen wurde

Tragwerksgeometrie: ungünstige Abweichungen von der planmäßigen Geometrie, z.B. Vergrößerung der Stützweite

Querschnittsmaße: ungünstige Abweichungen von den planmäßigen Querschnittsmaßen

Verbindungsmittel: ungünstige Abweichungen von der Planung hinsichtlich der Verbindungsmittel, z.B. zu geringer Durchmesser von stiftförmigen Verbindungsmitteln, Unterschreitung der erforderlichen Anzahl, aber auch unsachgemäßes Einbringen

Vorschrift: Verstöße gegen oder Nichtbeachtung von Vorschriften, z.B. Versäumnisse bei der Eigenüberwachung

Tragsystem: ungünstige Veränderung des Tragsystems hinsichtlich des qualitativen Verlaufs der Schnittkräfte

Bauphysik *Durchdringung:* häufig anzutreffende Situation bei Brettschichtholzträgern, deren Trägerenden am Auflager die Gebäudehülle durchdringen und dadurch teilweise dem Außenklima ausgesetzt sind

Innen-/Außenklima: Siehe hierzu Bild 2-6.

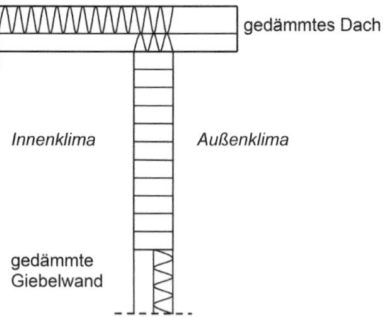

Bild 2-6 Situation *Innen-/Außenklima* am Beispiel eines vertikalen Schnitts durch einen Brettschichtholz-Giebelbinder bzw. Ortgang einer Halle

Wärmestrahlung: verantwortlich für die Tauwasserbildung an den Oberflächen von Bauteilen oberhalb einer Eisfläche; typischer Vorgang bei Eissporthallen (DIN 18036-1 1980, DIN 18036 1992, Feldmeier 2006)

Sonneneinstrahlung: mit der Folge von örtlich begrenzter Aufheizung von Bauteilen, z.b. unterhalb von Lichtkuppeln

Belastung Die Belastung sollte als Fehlerquelle grundsätzlich nur dann genannt sein, wenn eine von den Lastannahmen ungünstig abweichende Einwirkung nachgewiesen wurde, z.b. durch Wägung von Bauteilen oder Angaben von Wetterdioncton, mit der Folge, dass die Sicherheit in nennenswertem Maße reduziert wurde. Solche Voraussetzungen sind in Schadensbeschreibungen vergleichsweise selten gegeben, obwohl in etlichen Fällen davon ausgegangen wird, dass eine Überlastung mit ursächlich für einen Schaden verantwortlich war. Da einige der genaueren Bestimmungen zur Belastung nicht quantifizierbar sind, stellen sie eine qualitative und teilweise subjektive Einschätzung dar. So lässt sich beispielsweise die Belastung auf Bauteile nicht wirklich beziffern, die von einem Sturmereignis, einer Wassersackbildung, Schwingungen, einem Fahrzeuganprall oder einem Blitzeinschlag herrührt. Dementsprechend sind die genaueren Bestimmungen zur Belastung ggf. mit Unsicherheiten behaftet.

vermutet: Überlastung vermutet

Konstruktion Hiermit wird angezeigt, dass sich eine bestimmte Konstruktion in unmittelbarer räumlicher Nähe zum Initialschaden befand. Es handelt sich bei den folgenden genaueren Bestimmungen teilweise um Konstruktionen, die entweder in DIN 1052-1 (1969/1988) bzw. DIN 1052 (2004) geregelt oder nach den Regeln der technischen Mechanik zu berechnen waren.

Ausmitte: exzentrische Lasteinleitung

allgemein fehleranfällig: Bei dieser Bestimmung wird eine Konstruktion hinsichtlich der planmäßigen Ausführung und/oder hinsichtlich der Berechenbarkeit als schwer beherrschbar bezeichnet. Damit einher geht eine allgemeine Fehleranfälligkeit.

Holzschutz: Verstöße gegen die Regeln des baulichen Holzschutzes

Krümmung o. Knick: biegebeanspruchte gekrümmte oder geknickte Bauteile mit planmäßiger Querzugbeanspruchung, z.B. Satteldachträger mit geradem Untergurt

ungewollte Einspannung: (= spezieller Fall der Unverträglichkeit) Anschlüsse, die gelenkig berechnet, aber nicht als solche konstruiert wurden

Unverträglichkeit: allgemeine Unverträglichkeit zwischen der Verformung und dem für die Berechnung angenommenen Kraftfluss

Materialqualität

offensichtliche Mängel bezüglich der Materialqualität von: *Holz, Keilzinken* oder *Klebefugen*

Vorschädigung: Material, dessen Festigkeit beispielsweise nach Abbau und Wiederverwendung beeinträchtigt ist

Feuchtigkeit   Feuchtigkeitszutritt, dessen Ursache nicht im Zusammenhang mit Bauphysik, Klimawechseln oder mangelndem baulichen Holzschutz steht

Klimawechsel   Ursache von Holzfeuchte-Änderungen aufgrund ständig wechselnder Klimas mit der Folge von Feuchtegefällen in Dickenrichtung und von daraus resultierenden Eigenspannungen; nur bei Brettschichtholz und im Zusammenhang mit Rissen in Faserrichtung; Hintergründe z.B. bei Möhler und Steck (1980)

Schwinden oder Quellen

Auf nur eine Richtung der Volumenänderung – Schwinden oder Quellen – bezogen; diese Fehlerquelle wird fast ausnahmslos im Zusammenhang mit der Schwindbehinderung angegeben. Obwohl die Fehlerquellen Klimawechsel und Schwinden oder Quellen denselben holzphysikalischen Vorgang betreffen, ist ihr Unterschied dadurch gekennzeichnet, dass von konstruktiver Seite auf Klimawechsel kein wirklich wirksamer Einfluss ausgeübt werden kann, wohingegen richtungsabhängiges Schwinden oder Quellen durchaus (konstruktiv) berücksichtigt werden kann.

Instandhaltung

Wartung/Inspektion: Versäumnisse bei Maßnahmen zur Verzögerung des Abbaus des vorhandenen Abnutzungsvorrats bzw. Versäumnisse bei Maßnahmen zur Feststellung und Beurteilung des Istzustandes und beim Ableiten der notwendigen Konsequenzen; Beispiele: Versäumnisse beim Aufbringen von chemischem Holzschutz, mangelnde Sorgfalt bei der Wahrnehmung von augenscheinlichen Mängel an Bauteilen

Instandsetzung: Versäumnisse bei der Rückführung von Bauteilen in den funktionsfähigen Zustand, z.B. Beseitigung von Dachundichtigkeiten, Ausbesserung von Faulstellen

Beide Schlagwörter sind in Anlehnung an DIN 31051 (2003) definiert.

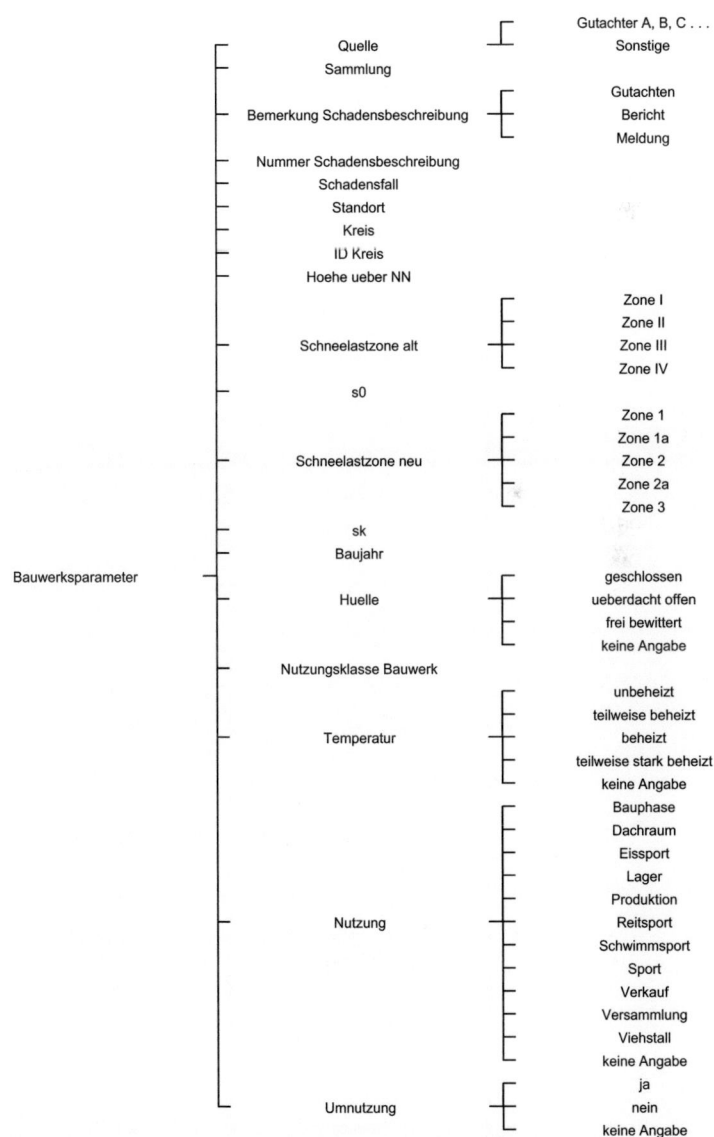

Bild 2-7   Bauwerksparameter und ihre Schlagwörter

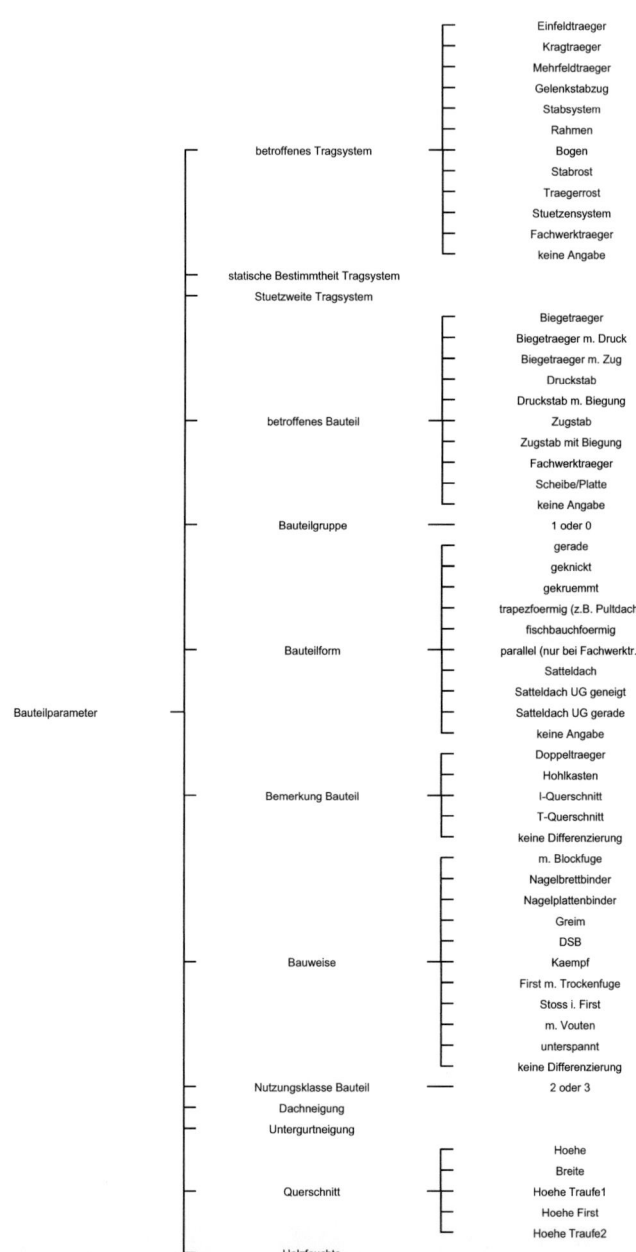

Bild 2-8   Bauteilparameter und ihre Schlagwörter

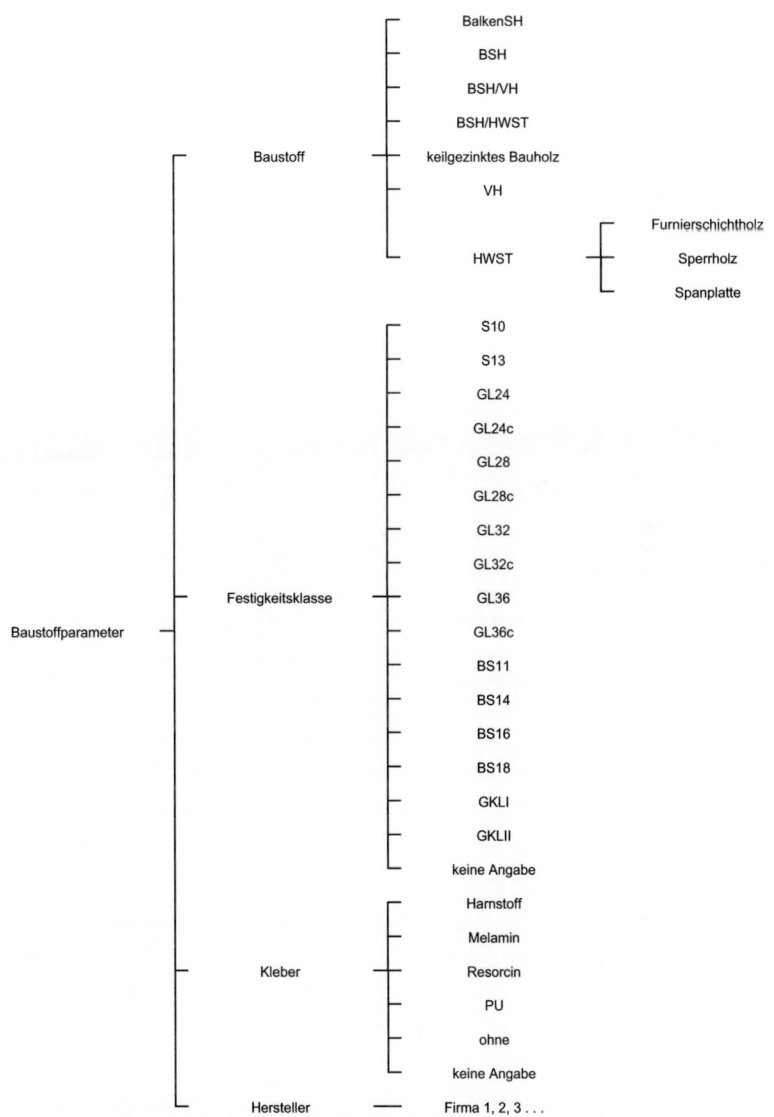

Bild 2-9   Baustoffparameter und ihre Schlagwörter

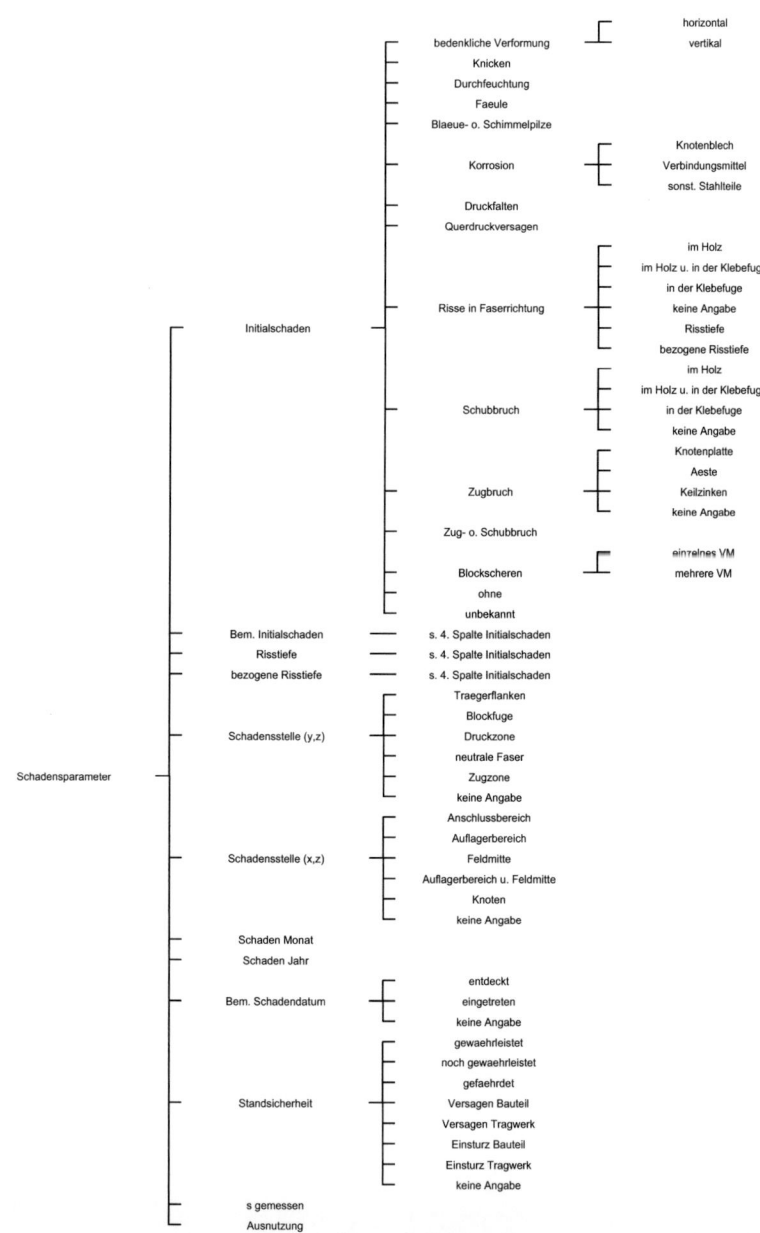

Bild 2-10　Schadensparameter und ihre Schlagwörter

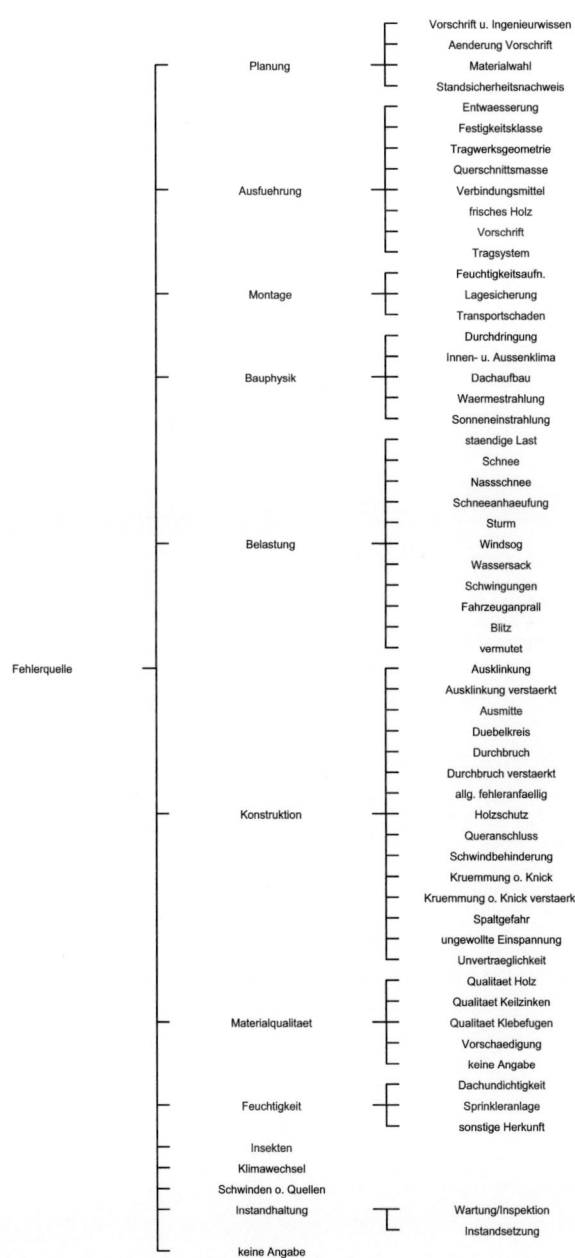

Bild 2-11   Fehlerquellen und ihre genaueren Bestimmungen

3 Darstellung der Bauwerke und ihrer Schäden

3.1 Allgemeines

Zum Zeitpunkt der Fertigstellung des Berichts umfasste die Datenbank Einträge von 517 erklärten Initialschäden, 26 Fälle mit unbekannten und 7 Fälle ohne Initialschäden, bei denen aber Vorrausetzungen für eine baldige Schädigung gegeben sind. Insgesamt entspricht das nominal 550 Schadensfällen. Diese Anzahl sei nunmehr (im Vergleich mit den Auswertungen im ersten Bericht) geeignet, typische wechselseitige Beziehungen aufzuzeigen und Richtung weisende Aussagen zu Schadensfällen an Hallentragwerken aus Holz zu machen.

Auslösendes Moment für die Begutachtung eines Bauwerks und die Anfertigung einer Schadensbeschreibung durch einen Sachverständigen oder Berichterstatter ist in den meisten Fällen die Sorge eines Verantwortlichen um die Standsicherheit des Bauwerks, für den Werterhalt und für die uneingeschränkte Nutzung. Vor diesem Hintergrund müssen die dargestellten Daten gesehen werden: Sie spiegeln kein repräsentatives Bild aller Hallentragwerke aus Holz wider. Diejenigen Bauwerke, die aufgrund ihrer ausgereiften sowie materialgerechten Planung, vorbildlichen Ausführung und sachgerechten Nutzung nicht den geringsten Anlass zur Sorge geben, finden keinen Eingang in den Datenbestand. Das mag eine Schwäche dieser Schadensanalyse sein, dass sich kein realistisches Verhältnis zwischen schadensfreien und schadhaften Hallen beschreiben lässt. Diese Schwäche ist den Verfassern bekannt. Sie liegt in der Natur dieser Forschungsarbeit, bei der die Grundgesamtheit der Untersuchungseinheiten von Beginn an geschädigte Hallen waren, über die bereits Schadensbeschreibungen vorlagen. So musste zum Zwecke der Schadensanalyse keine eigene Erhebung (die dann selbstverständlich schadensfreie Hallen mit eingeschlossen hätte) durchgeführt werden. Dass nur geschädigte Hallen erfasst sind, führt zu der Überlegung, warum beispielsweise manche Nutzungen, Tragsysteme oder Bauteile mehr, weniger oder gar nicht in der Statistik vertreten sind. Da aber keine statistischen Vergleichswerte über die Gesamtheit aller Hallentragwerke aus Holz angegeben werden, ist ein vorsichtiger und kritischer Umgang mit den Daten geboten.

In den folgenden Abschnitten werden die Verteilungen der Parameter, die in Bild 2-7 bis Bild 2-10 dargestellt und mit Schlagwörtern versehen sind, sowie die Verteilungen der allgemeinen Fehlerquellen und ihrer genaueren Bestimmungen (Bild 2-11) in der Reihenfolge ihrer Einführung beschrieben. Häufigkeiten von Zusammenhängen zwischen Parametern und Fehlerquellen bzw. zwischen Parametern werden im Anhang mit zweidimensionalen Kontingenztabellen dargestellt. Die folgenden Prozentangaben sollen nicht mit einer übertriebenen Genauigkeit verwechselt werden. Sie dienen der Übereinstimmung mit den automatisch berechneten Prozentangaben des verwendeten Statistik-Analyse-Systems. Die Angaben erheben auch nicht den Anspruch auf Gültigkeit im Einzelfall. Da zu Parametern nicht immer Angaben vorlagen, ist die Anzahl der Beobachtungen in den Verteilungen Schwankungen unterworfen. Fallweise wird darauf hingewiesen, dass es zu Parametern „keine Angabe" gibt. Der sachkundige Leser sei selbst mit aufgefordert, das Wesentliche und Typische der wirklichen Gegebenheiten bei der Durchsicht der Darstellung der Daten zu erfassen; es würde den Rahmen der Forschungsarbeit sprengen, auf die Vielzahl der Einzel- und Besonderheiten einzugehen, die sich bei der Darstellung und Auswertung der Daten ergeben.

3.2 Beschreibende Statistik und Erläuterungen

3.2.1 Bauwerksparameter

Bild A-1 zeigt einleitend die Anzahl der Bauwerke und die Anzahl der Initialschäden, die mit den Bauwerken in Zusammenhang gebracht wurden. Die Darstellung ist nach Gutachtern bzw. Berichterstattern unterteilt. „Sonstige" stehen ersatzweise für etliche Berichterstatter, die ab etwa 1970 Schäden an die Studiengemeinschaft Holzleimbau e. V. bzw. an die Bergische Universität Wuppertal meldeten. Teilweise enthielten diese Meldungen auch Gutachten. Insgesamt wurden bei 428 Bauwerken 550 Initialschäden identifiziert, benannt oder gemeldet. Effektiv sind es 543, wenn sieben Fälle „ohne" Initialschaden (vgl. Definition in 2.2.4) unberücksichtigt bleiben. Tabelle 3-1 zeigt die Anzahl der Gutachten, Berichte und Meldungen, Bild A-2 jeweils getrennt für die unterschiedlichen Quellen. Demnach stammen die Daten zu jeweils etwa einem Viertel aus Gutachten (hohe Qualität der Daten und ertragreich) und Berichten sowie zur Hälfte aus Meldungen (mittlere bis geringe Qualität bzw. mittlerer bis geringer Datenumfang). Die Deutschlandkarte in Bild A-3, worin die Anzahl der Initialschäden je (Land-)Kreis bzw. kreisfreie Stadt dargestellt ist, belegt eine nahezu flächendeckende Streuung der Bauwerke mit Schäden, jedoch nur in den alten Bundesländern. Insgesamt waren für 490 der 550 Initialschäden der (Land-)Kreis bzw. die kreisfreie Stadt als Standort des betroffenen Bauwerks bekannt. Mit Abstand die meisten Initialschäden, die in der Datenbank erfasst wurden, beziehen sich auf Hallen in den vier Bundesländern Nordrhein-Westfalen, Bayern, Baden-Württemberg und Niedersachsen (Tabelle 3-2).

Tabelle 3-1   Bemerkungen zur Schadensbeschreibung

Bemerkung	Anzahl/Gesamt	Anteil [%]
Gutachten	101/428	23,60
Bericht	111/428	25,93
Meldung	216/428	50,47

Diese vier Länder haben innerhalb Deutschlands auch die höchsten Bevölkerungszahlen. Schadensbeschreibungen zu geschädigten Bauwerken im Saarland, in Rheinland-Pfalz und in den neuen Bundesländern lagen nur in Einzelfällen vor. Das bedeutet nicht, dass es hier grundsätzlich weniger Schäden an Hallentragwerken aus Holz gibt. Hinsichtlich einer zukünftigen Erfassung von Schäden in den neuen Bundesländern sind ggf. Kontakte zu Sachverständigen noch aufzubauen. Auf eine gesonderte geografische/tabellarische Darstellung der Schadensfälle im Bundesgebiet Österreich wird aufgrund der vergleichsweise geringen Anzahl verzichtet.

Tabelle 3-2   Initialschäden je Bundesland

Bundesland	Anzahl/Gesamt	Anteil [%]
Baden-Württemberg	90/550	**16,36**
Bayern	108/550	**19,64**
Berlin	2/550	0,36
Brandenburg	2/550	0,36
Bremen	6/550	1,09
Hamburg	6/550	1,09
Hessen	30/550	5,45
Mecklenburg-Vorpommern	2/550	0,36
Niedersachsen	70/550	**12,73**
Nordrhein-Westfalen	120/550	**21,82**
Rheinland-Pfalz	12/550	2,18
Saarland	4/550	0,73
Sachsen	5/550	0,91
Sachsen-Anhalt	3/550	0,55
Schleswig-Holstein	30/550	5,45
Thüringen	0/550	0,00
keine Angabe	60/550	10,91

Die Anzahl der Untersuchungseinheiten, hier Bauwerke bzw. Hallen, beträgt in den weiteren Tabellen bzw. Darstellungen höchstens 428. Bild A-4 zeigt die Häufigkeitsverteilung der Geländehöhe über dem Meeresniveau, die den Bauwerken zugeordnet wurde. Die Höhe ist für 389 der 428 untersuchten Objekte bekannt. Sie reicht von etwa 1 m bis 1145 m. Im Mittel beträgt sie 250 m. In Bild A-5 und Bild A-6 sind die Häufigkeitsverteilungen der Regelschneelast (s0) nach DIN 1055-5 (1975) bzw. des charakteristischen Wertes der Schneelast (s_k) nach DIN 1055-5 (2005) gegenübergestellt. Die Regelschneelast war in nahezu allen Fällen für die Bemessung der Bauwerke nach damaliger Normung anzusetzen; dahingegen wäre der charakteristische Wert (der Schneelast auf dem Boden) nach heutiger Normung als Ausgangswert für eine statische Berechnung anzunehmen. Die bei höheren Lagen (über NN) zum Teil wesentlich größeren Werte nach DIN 1055-5 (2005), auch nach Bereinigung mit dem Formbeiwert μ_1, können auf die nunmehr 50-jährige Wiederkehr bei der Festlegung der charakteristischen Werte zurückgeführt werden (Schroeter 2007). Für die Gesamtheit der betrachteten Bauwerke beträgt die mittlere Regelschneelast $\overline{s0}$ = 0,90 kN/m² (N = 370) und der mittlere charakteristische Wert $\overline{s_k}$ = 1,12 kN/m² (N = 366). Das Verhältnis beider Werte, 0,90 / 1,12 = 0,80, ist mit dem Formbeiwert μ_1 in DIN 1055-5 (2005), gültig für eine Dachneigung zwischen 0° und 30°, identisch. Da nur in Ausnahmefällen bei den untersuchten Hallen die Dachneigung 30° übersteigt, zeigt dieser Vergleich, dass rückblickend, nach heutiger Normung, für die Gesamtheit der hier betrachteten Hallen keine effektiv höhere Schneelast anzusetzen wäre, sondern gebietsweise eine „Umverteilung" der Schneebelastung stattfände. Eine gesonderte Betrachtung hinsichtlich solcher Hallen, für die heute eine wesentlich höhere Schneelast anzusetzen wäre, folgt später in Abschnitt 4.1. In Bild A-7 ist die Häufigkeitsverteilung des Baujahres der Bauwerke dargestellt. Es ist von 320 der 428 untersuchten Objekte bekannt, reicht von 1912 bis 2006 und beträgt im Mittel 1979. Über drei Viertel der geschädigten Hallen hatten/haben eine geschlossene Gebäudehülle (Tabelle 3-3). Dementsprechend hoch ist auch der Anteil der Gebäude in der Nutzungsklasse 1 (Tabelle 3-4). Dass nicht alle geschlossenen Hallen in die Nutzungsklasse 1 eingestuft sind, ist durch die nutzungsabhängige Einstufung von vor allem Reit- und Eissporthallen in die Klassen 2 bzw. 3 bedingt. Der Anteil der beheizten Hallen ist fast doppelt so hoch wie der Anteil der unbeheizten Hallen (Tabelle 3-5). Hinsichtlich der Nutzung finden sich unter den geschädigten Hallen vor allem Sporthallen und solche, die der Lagerung, Produktion und Versammlung dienen (Tabelle 3-6). Bild A-8 zeigt die Verteilung der Nutzung aufgeschlüsselt nach den Angaben zur Temperatur bzw. Beheizung. In der Klasse der beheizten Bauwerke weisen Sporthallen und in derjenigen der unbeheizten Reit- und Lagerhallen am häufigsten Schäden auf. Nur selten finden sich in Schadensbeschreibungen verbindliche Angaben zu einer Umnutzung (Tabelle 3-7). Es ist aber nahe liegend, dass Umnutzungen, die völlig andere Einwirkungen auf Tragsysteme und Bauteile nach sich ziehen, eher selten der Fall sind.

Tabelle 3-3   Angaben zur Gebäudehülle

Gebäudehülle	Anzahl/Gesamt	Anteil [%]
geschlossen	334/428	78,04
überdacht offen	27/428	6,31
frei bewittert	13/428	3,04
keine Angabe	54/428	12,62

Tabelle 3-4   Nutzungsklassen der Bauwerke

Nutzungsklasse	Anzahl/Gesamt	Anteil [%]
1	290/428	67,76
2	57/428	13,32
3	28/428	6,54
keine Angabe	53/428	12,38

Tabelle 3-5   Angaben zur Temperatur

Temperatur	Anzahl/Gesamt	Anteil [%]
unbeheizt	112/428	26,17
teilweise beheizt	3/428	0,70
beheizt	205/428	47,90
teilweise stark beheizt	7/428	1,64
keine Angabe	101/428	23,60

Tabelle 3-6   Angaben zur Nutzung

Nutzung	Anzahl/Gesamt	Anteil [%]
Bauphase	15/428	3,50
Dachraum	8/428	1,87
Eissport	15/428	3,50
Lager	61/428	**14,25**
Produktion	53/428	**12,38**
Reitsport	35/428	8,18
Schwimmsport	21/428	4,91
Sport	103/428	**24,07**
Verkauf	16/428	3,74
Versammlung	50/428	**11,68**
Viehstall	4/428	0,93
keine Angabe	47/428	10,98

Tabelle 3-7   Angaben zur Umnutzung

Umnutzung	Anzahl/Gesamt	Anteil [%]
ja	19/428	4,44
nein	86/428	20,09
keine Angabe	323/428	75,47

3.2.2 Bauteilparameter

Die Anzahl der Untersuchungseinheiten, hier betroffene Bauteile, bei der Beschreibung der Bauteilparameter ist 470. Sie ist um 42 höher als die Anzahl der untersuchten Bauwerke, weil es in einigen Fällen auch Bauwerke mit mehr als einem betroffenen Bauteil gibt, wobei innerhalb eines Bauwerks gleichartige Bauteile mit gleichartigen Initialschäden, die etwa gleichzeitig aufgetreten sind (siehe Bild 2-3), und einzelne Bauteile mit unterschiedlichen Initialschäden jeweils nur einfach bewertet sind. Nach Auffassung der Autoren würde eine Mehrfachbewertung solcher Bauteile zu einer Verzerrung der Verhältnisse führen.

Einfeldträger, Mehrfeldträger und Rahmen sind die häufigsten Tragsysteme der Hallen; andere Systeme sind schwach vertreten (Tabelle 3-8). Die Verteilung der Tragsysteme überrascht nicht. Es ist sogar sehr wahrscheinlich, dass sie repräsentativ für die deutschlandweit vorhandenen Tragsysteme bei Hallen aus Holz ist. In 14 Fällen sind Fachwerkträger ersatzweise als Tragsystems zu verstehen, in dem nur einzelne Bauteile wie Füllstäbe oder Gurte schadhaft waren. Dem hohen gemeinsamen Anteil an Einfeldträgern, Dreigelenkrahmen, Gerberträgern, unter Mehrfeldträgern aufgeführt, und Fachwerkträgern entsprechend ist der hohe Anteil an statisch bestimmten Systemen zu verstehen (Tabelle 3-9). Hier ist außerdem auffällig, dass statisch unbestimmte Systeme eher selten vertreten sind. Bei einem Sechstel der Tragsysteme ist aufgrund der teilweise dürftigen Angaben in den Schadensbeschreibungen kein zuverlässiger Rückschluss auf die statische Bestimmtheit möglich.

Tabelle 3-8   Betroffene Tragsysteme

Tragsystem	Anzahl/Gesamt	Anteil [%]
Einfeldträger	290/470	**61,70**
Kragträger	9/470	1,91
Mehrfeldträger	34/470	**7,23**
Gelenkstabzug	12/470	2,55
Stabsystem	0/470	0,00
Rahmen	43/470	**9,15**
Bogen	5/470	1,06
Stabrost	4/470	0,85
Trägerrost	2/470	0,43
Stützensystem	3/470	0,64
Fachwerkträger	14/470	2,98
keine Angabe	54/470	11,49

Tabelle 3-9   Statische Bestimmtheit der Tragsysteme

Bestimmtheit	Anzahl/Gesamt	Anteil [%]
bestimmt	369/470	78,51
1fach unbestimmt	19/470	4,04
2fach unbestimmt	2/470	0,43
vielfach unbestimmt	6/470	1,28
keine Angabe	74/470	15,74

Die Häufigkeitsverteilung und eine Lognormalverteilung (gestrichelt, mit sehr guter Anpassung) der Stützweite der betroffenen Tragsysteme zeigt Bild A-9. Von 303 Tragsystemen ist die Stützweite bekannt. Der Modalwert ist 20 m und entspricht der typischen Hallenbreite bei Sport- und Reitsporthallen. Die leicht rechtsschiefe Häufigkeits- bzw. Lognormalverteilung belegt, dass Schäden an sehr weit gespannten Hallen etwas seltener als bei solchen mit sehr kurzen bis mittleren Spannweiten beobachtet werden. Das ist sicherlich auch dadurch mit bedingt, dass weit gespannte Hallen seltener gebaut wurden. Diese Verteilung würde der Annahme einer Häufung von Schäden insbesondere bei weit gespannten Tragwerken widersprechen. Das wäre hinsichtlich der Frage von Bedeutung, ob gegenwärtige Berechnungs- und Bemessungsverfahren bei großen Spannweiten bezüglich der Standsicherheit an Gültigkeitsgrenzen stoßen. Die Verteilung der betroffenen Bauteile (Tabelle 3-10) zeigt, dass an erster Stelle der reine Biegeträger und erst mit größerem Abstand Biegeträger mit Druckkräften (Rahmenriegel), Druckstäbe mit Biegung (Rahmenstiele, Bauteile in Bögen und unterspannten Bindern) und Fachwerkträger, hier im Sinne von betroffenen Bauteilen, folgen. Vergleichsweise selten sind reine Druck- und Zugstäbe auffällig. Die Häufigkeiten der Zusammenhänge zwischen betroffenen Tragsystemen und betroffenen Bauteilen sind in Tabelle A-1 zusammengestellt.

Die Verteilung der Bauteilform (Tabelle 3-11) zeigt, dass nicht nur der planmäßig durch Querzug beanspruchte Satteldachträger (mit oder ohne geneigtem Untergurt) auffällig ist, sondern vor allem auch gerade Bauteile, die i. d. R. keine durch ihre Formgebung und Beanspruchung bedingte planmäßige Querzugbeanspruchung aufweisen, von konstruktiven Eigenheiten wie Durchbrüchen, Ausklinkungen und Queranschlüssen einmal abgesehen. Das ist vor dem Hintergrund der ausgeprägten Rissneigung (Risse in Faserrichtung) bei Brettschichtholz, dem Hauptbaustoff im Ingenieurholzbau, zu sehen (siehe bereits Tabelle 3-16). In Tabelle A-2 sind die Häufigkeiten der Zusammenhänge zwischen den 470 betroffenen Bauteilen und ihren Bauteilformen zusammengestellt. Der reine Biegeträger kommt demnach am häufigsten in der Form des Satteldachträgers (4,42 + 34,22 + 15,34 = 53,98 %) oder als gerader Träger (34,51 %) vor (siehe entsprechende Zeilen-Prozentangaben in Tabelle A-2).

Tabelle 3-10 Betroffene Bauteile

Betroffenes Bauteil	Anzahl/Gesamt	Anteil [%]
Biegeträger	339/470	**72,13**
Biegeträger mit Druck	37/470	**7,87**
Biegeträger mit Zug	0/470	0,00
Druckstab	8/470	1,70
Druckstab mit Biegung	29/470	**6,17**
Zugstab	9/470	1,91
Zugstab mit Biegung	0/470	0,00
Fachwerkträger	25/470	**5,32**
Scheibe/Platte	2/470	0,43
keine Angabe	21/470	4,47

Tabelle 3-11 Bauteilformen

Bauteilform	Anzahl/Gesamt	Anteil [%]
gerade	153/470	32,55
geknickt	9/470	1,91
gekrümmt	32/470	6,81
trapezförmig	21/470	4,47
fischbauchförmig	6/470	1,28
parallel[1]	3/470	0,64
Satteldach[2]	15/470	3,19
Satteldach UG geneigt	122/470	25,96
Satteldach UG gerade	61/470	12,98
keine Angabe	79/470	16,92

[1] ausschließlich Fachwerkträger
[2] UG-Neigungen unbekannt

Hinsichtlich der Querschnittsgestaltung der Bauteile gibt es nur in wenigen Fällen weitere Differenzierungen (Tabelle 3-12). Nachweislich vom einfachen Rechteckquerschnitt abweichende Formen sind selten; die relativen Häufigkeiten von Doppelträgern, Hohlkasten- und I-Querschnitten liegen nur zwischen 1 % und 3 %. Hinsichtlich der Art und Weise, wie etwas gebaut ist, gibt es häufiger Differenzierungen (Tabelle 3-13). Auffällig sind demnach Nagelbrettbinder und auch Satteldachträger, deren Firstkeil mit einer Trockenfuge aufgesetzt wurde. Aktenkundig sind auch Bauteile in Greim-, DSB- und Kämpfsteg-Bauweise. Schadensmeldungen oder Gutachten im Zusammenhang mit Nagelplattenbindern waren selten zugänglich (2 von 470). Bei den zwei Meldungen handelt es sich um zwei Tragwerkseinstürze in Österreich, die allgemein auf Überlastung durch Schnee zurückgeführt wurden. Es ist davon auszugehen, dass es auch in Deutschland bei Nagelplattenbindern einige leichte bis katastrophale Schäden gibt. Hinkes (2005) berichtet z. B. von Teileinstürzen zweier Dächer in Nagelplattenbauweise in Niedersachsen. Insbesondere fehlende Aussteifungen in der Obergurtebene der verwendeten Trapezbinder führten zum Versagen dieser beiden Konstruktionen. Außerdem ereignete sich im Juli 2009 ein Totaleinsturz eines Dachtragwerks aus Nagelplattenbindern im brandenburgischen Falkensee (Prietz 2010). Diese drei Fälle sind in der Datenbank noch nicht erfasst.

Tabelle 3-12 Bemerkungen zu den Bauteilen

Bemerkung Bauteil	Anzahl/Gesamt	Anteil [%]
Doppelträger	14/470	2,98
Hohlkasten	9/470	1,91
I-Querschnitt	4/470	0,85
keine Differenzierung	443/470	94,26

Tabelle 3-13 Bauweisen

Bauweise	Anzahl/Gesamt	Anteil [%]
mit Blockfuge	4/470	0,85
Nagelbrettbinder	13/470	2,77
Nagelplattenbinder	2/470	0,43
Greim	8/470	1,70
DSB	4/470	0,85
Kämpf	5/470	1,06
First mit Trockenfuge	26/470	5,53
Stoß im First	3/470	0,64
mit Vouten	5/470	1,06
unterspannt	1/470	0,21
keine Differenzierung	399/470	84,89

In 303 Fällen wurde den betroffenen Bauteilen die Nutzungsklasse 1 zugewiesen (Tabelle 3-14). Auf diese Anzahl bezogen beträgt der Anteil der Bauteile in den Nutzungsklassen 2 oder 3 nur etwa 1/5 (59/303) bzw. etwa 1/6 (54/303). Die Häufigkeitsverteilungen für die Einzelwerte der Bauteil-Holzfeuchte in den Nutzungsklassen 1, 2 und 3 sind in Bild A-10 zusammengestellt. Die Mittelwerte und Streuungen sind erwartungsgemäß; es besteht Übereinstimmung mit den Richtwerten in DIN 1052 (2008), Tabelle F.3. Die außergewöhnlich hohen Holzfeuchte-Werte in den Häufig-

keitsdiagrammen für die Nutzungsklassen 1 und 2 erklären sich z.B. durch unsach-
gemäße Lagerung von Bauteilen im Freien, die eine schädliche Feuchtigkeitsaufnahme zur Folge hatte. Die Folgen einer solchen Feuchtigkeitsaufnahme machen
sich bisweilen bei einer zeitnahen elektrischen Widerstandsmessung bemerkbar.
Dass eine Einstufung von Reithallen in die Nutzungsklasse 2 bzw. von Eissporthallen
in die Nutzungsklasse 3 zutreffend ist, kann mit den Daten nicht widerlegt werden:
Bei 12 Bauteilen in Reitsporthallen beträgt die mittlere Holzfeuchte 17,8 % und bei 33
Bauteilen in Eissporthallen im Mittel 21,5 %.

Tabelle 3-14 Nutzungsklassen der Bauteile

Bemerkung Bauteil	Anzahl/Gesamt	Anteil [%]
1	303/470	64,47
2	59/470	12,55
3	54/470	11,49
keine Angabe	54/470	11,49

3.2.3 Baustoffparameter

Die Verteilung der Baustoffe (Tabelle 3-15) zeigt, dass nahezu 90 % der geschädigten Bauteile aus Brettschichtholz sind. Kombinationen aus Brettschichtholz und Vollholz oder Holzwerkstoffen sind selten, ebenso reine Holzwerkstoffe. In etwa 10 %
der Fälle sind Bauteile aus Vollholz betroffen. In nur drei Fällen gab es keine Angabe
zum Baustoff. Die Zeilenprozentangaben nur für Brettschichtholz, jeweils in Tabelle
A-3 bzw. Tabelle A-4 angegeben, zeigen: In nur etwa 17 % der Fälle, bei 68 Bauteilen, ist die Festigkeitsklasse bekannt. Von diesen Bauteilen entfallen 59 % auf GKL I,
26 % auf GKL II und 12 % auf BS14. Andere Klassen sind selten. In 21 % der Fälle,
bei 86 Bauteilen, gibt es Angaben zum verwendeten Kleber. Hier entfallen zwei Drittel der Bauteile auf Harnstoff und ein Drittel auf Resorcin.

Tabelle 3-15 Baustoffe

Baustoff	Anzahl/Gesamt	Anteil [%]
BSH	410/470	**87,23**
BSH/VH	2/470	0,43
BSH/HWST	7/470	1,49
VH	45/470	**9,57**
HWST	3/470	0,64
keine Angabe	3/470	0,64

Die Häufigkeiten der Zusammenhänge zwischen verwendeten Klebern und den Bauteil-Nutzungsklassen (Tabelle A-5) belegen, dass Harnstoff in der Hauptsache bei
Bauteilen in der Nutzungsklasse 1 Verwendung fand. Dennoch sind 11 bzw. 4 Ver-
wendungen von Harnstoff bei Brettschichtholz in den Nutzungsklassen 2 und 3
nachweisbar. Diese Zusammenhänge müssen vor dem Hintergrund der rückwirkend
zugewiesenen Nutzungsklassen gesehen werden, wobei neuere Erkenntnisse zu
Bauteilfeuchten mit eingeschlossen sind. Von 229 der 419 Brettschichtholzbauteile
(siehe Tabelle 3-15, 410+2+7) ist der Hersteller genannt. Eine anonymisierte Zu-
sammenstellung der Firmen und die Anzahl der auffällig gewordenen Brettschichtholzbauteile aus deren Produktion zeigt Tabelle A-6. Nach Einschätzung der Verfas-
ser könnten Werksgröße bzw. Produktionsleistung der einzelnen Hersteller und die
Schadenshäufigkeit proportional zueinander sein. Gewiss spielt hier auch die Diszip-
lin bei der Meldung von Schadensfällen eine wesentliche Rolle, zumal die meisten
Schadensfälle von Berichterstattern der Hersteller selbst gemeldet wurden. Außer-
gewöhnliche Häufungen oder absolute „Schadensfreiheit" bei einzelnen Herstellern
sind mit Sicherheit auszuschließen.

Die Häufigkeiten der Zusammenhänge zwischen den betroffenen Bauteilen und den
unterschiedlichen Baustoffen (Tabelle A-7, Zeilen-Prozentangaben) zeigen, dass reine Biegeträger zu 95,58 %, Biegeträger mit Druck und Druckstäbe mit Biegung zu
94,59 % bzw. 79,31 % aus Brettschichtholz bestehen. Nur bei Fachwerkträgern, hier
im Sinne von betroffenen Bauteilen, ist die Verwendung von Vollholz mit einem Anteil
von 84 % verhältnismäßig hoch. Fachwerkträger aus Brettschichtholz im Sinne von
betroffenen Tragsystemen oder betroffenen Bauteilen sind in der Datenbank selten
erfasst.

3.2.4 Schadensparameter

Eine zentrale Aussage dieser Forschungsarbeit stellt die Verteilung der Initialschäden in Tabelle 3-16 dar: 70 % der Initialschäden sind Risse in Faserrichtung; auf
Zug- und Schubbrüche entfällt jeweils ein Anteil von über 5 %. Damit verbunden ist
das Erreichen der Zugfestigkeit quer zur Faser, der Zugfestigkeit in Faserrichtung
bzw. der Schubfestigkeit. In über 5 % der Fälle wird Fäule beobachtet. Hinsichtlich
der Standsicherheit der Bauteile sind Initialschäden wie Knicken und Blockscheren
noch von Bedeutung. Ihre Häufigkeit ist mit 1,09 % bzw. 0,36 % jedoch vergleichsweise gering. Alle weiteren Initialschäden liegen jeweils unter 3 %. Dass die Verteilung der Initialschäden, vor allem die der Risse in Faserrichtung, der Zug- und/oder
Schubbrüche, weitgehend objektiv ist, verdeutlichen die Werte in der Tabelle A-8.
Darin sind die Häufigkeiten der Zusammenhänge zwischen allen Initialschäden und
Gutachtern bzw. Berichterstattern zusammengestellt. Die Spalten-Prozentangaben
für 384 Risse in Faserrichtung, die 27 und 26 Zug- bzw. Schubbrüche belegen,
dass Beobachtung und Identifikation dieser Initialschäden unabhängig von den Gutachtern bzw. Berichterstattern sind.

Tabelle 3-16 Verteilung der Initialschäden

Initialschaden	Anzahl/Gesamt	Anteil [%]
bedenkliche Verformung	14/550	2,55
Knicken	6/550	**1,09**
Durchfeuchtung	10/550	1,82
Fäule	29/550	**5,27**
Bläue- oder Schimmelpilze	4/550	0,73
Korrosion	5/550	0,91
Druckfalten	0/550	0,00
Querdruckversagen	1/550	0,18
Risse in Faserrichtung	384/550	**69,82**
Schubbruch	26/550	**4,73**
Zugbruch	27/550	**4,91**
Zug- oder Schubbruch	9/550	**1,64**
Blockscheren	2/550	**0,36**
ohne	7/550	1,27
unbekannt	26/550	4,73

Die Erläuterungen in diesem Absatz beschränken sich auf die Initialschäden Risse in Faserrichtung und Zug- und/oder Schubbrüche. Tabelle A-9 mit den Häufigkeiten der Zusammenhänge zwischen Initialschäden und deren Bemerkungen (Bild 2-10, Baumdiagramm, 4. Spalte) zeigt: Risse in Faserrichtung werden sowohl im Holz als auch in der Klebefuge bzw. im Holz nahe der Klebefuge beobachtet, mit einer um 60 % (15,1/9,38 = 1,61, Verhältnis der Zeilen-Prozentangaben) höheren Häufigkeit in der Klebefuge bzw. im Holz nahe der Klebefuge als im Holz; Schubbrüche werden zu gleichen Teilen sowohl im Holz als auch in der Klebefuge bzw. im Holz nahe der Klebefuge beobachtet (19,23 / 19,23 = 1); Zugbrüche sind in 9 von 27 Fällen eindeutig den Keilzinkenverbindungen zuzuordnen, meistens liegen jedoch keine Angaben, z.B. zur Ästigkeit o. ä., vor; in nur einem Fall führte das Zugversagen eines Zuggliedes aus Stahl zum Versagen einer Holzkonstruktion. Tabelle A-10 enthält die Häufigkeiten der Zusammenhänge zwischen den ausgewählten Initialschäden und den Schadensstellen (y-z-Lage des Schadens im Querschnitt eines betroffenen Bauteils). Demnach werden Risse in Faserrichtung vor allem an den Trägerflanken von Brettschichtholz-Bauteilen, Schubbrüche in neun Fällen tatsächlich im Bereich der neutralen Faser und Zugbrüche in der Zugzone beobachtet. Diese Zusammenhänge sind logisch und erwartungsgemäß. Ihre Beschreibung dient daher vielmehr einer Plausibilitätskontrolle der Daten und ihrer Eingabe. In Tabelle A-11 sind die Häufigkeiten der Zusammenhänge zwischen den ausgewählten Initialschäden und den Schadensstellen (x-z-Lage des Schadens hinsichtlich der Ansicht eines betroffenen Bauteils) zusammengestellt. Risse in Faserrichtung sind nahezu überall anzutreffen: in Anschluss- und Auflagerbereichen und vor allem in Feldmitte. Dass Schubbrüche bevorzugt im Auflagerbereich, in vielen Fällen bis einschließlich Feldmitte, beobachtet werden, ist ebenso nachvollziehbar wie das Auftreten von Zugbrüchen in Feldmitte der betroffenen Bauteile. Hohe Brettschichtholz-Bauteile sind durch Schubbrüche auffällig. Die Häufigkeitsverteilung der Bauteilhöhe am Auflager (Bild A-11) zeigt für 19 Bauteile mit Schubversagen und bekannter Höhe am Auflager ein Mittel von 1355 mm. Die Einzelwerte liegen zwischen 650 und 2400 mm. Die Annahme, dass sich ein großes auf Schub beanspruchtes Volumen ungünstig auf die Schubfestigkeit auswirken kann, lässt sich mit den Daten nicht widerlegen. Die Häufigkeiten der Zusammenhänge zwischen den drei ausgewählten Initialschäden, Risse in Faserrichtung, Zug- und/oder Schubbrüche, und der Bauteilform betroffener Bauteile zeigt Tabelle A-12. Die Zeilen-Prozentangaben machen deutlich: Risse in Faserrichtung werden bei allen Bauteilformen beobachtet, zu jeweils 30 % Prozent sind sie z.b. auf Satteldachträger mit gekrümmtem Untergurt (30,21 %) und gerade Träger (29,95 %) verteilt; Schubbrüche sind besonders bei Satteldachträgern mit geradem Untergurt und bei geraden Trägern ausgeprägt; Zugbrüche sind vor allem bei geraden Trägern und in drei Fällen bei Satteldachträgern mit geradem Untergurt anzutreffen. Diese Beobachtungen sind erklärbar. Da Klimabeanspruchungen im herkömmlichen Sinne (z.B. Möhler und Steck 1980) zunächst einmal unabhängig von der Bauteilform wirken, sind durch sie bedingte Risse in Faserrichtung – vor allem bei Brettschichtholz – allgegenwärtig. Die Überlagerung der klimatisch bedingten Querzugspannungen mit denjenigen, die durch die Wechselwirkung zwischen Bauteilform und inneren Kräften bedingt sind, macht dann manche Bauteile (allgemein: gekrümmte Bauteile mit öffnenden Biegemomenten) besonders auffällig. Hinzu kommen möglicherweise noch Zwangs- und Eigenspannungen, die durch die Wechselwirkung zwischen Holzfeuchte-Änderungen und der ausgeprägten Schwindungs- bzw. Quellungsanisotropie in der gekrümmten Trägerebene begründet sind. Dass sie wirken und wie sie wirken könnten, wird mit grundsätzlichen Überlegungen und auch konkreten Berechnungen in Abschnitt 4.2 vorgestellt. Zug- und Schubbrüche treten besonders bei solchen Bauteilformen auf, bei denen die entsprechenden Nachweise der Querschnittstragfähigkeit aufgrund von Querschnittsoptimierungen zu hohen Ausnutzungen führen können. Dementsprechend wahrscheinlich ist dann auch das Erreichen des Grenzzustands der Tragfähigkeit und schließlich Bauteilversagen, z.B. Schubversagen bei Satteldachträgern mit geradem Untergurt.

In Bild A-12 ist oben die bezogene Risstiefe über der Spanne zwischen Baujahr und Entdeckung des Risses (= Zeitpunkt der Messung) und unten über der mittleren Bauteil-Holzfeuchte aufgetragen. Diese gemeinsame Darstellung besitzt zwei Auffälligkeiten: 1. Bezogene Risstiefen liegen entweder unterhalb von 60 % (unvollständige Risse) oder betragen 100 % (vollständige Risse). Das ist unabhängig von der Spanne zwischen Baujahr und Entdeckung des Risses. 2. Risse scheinen bei Bauteilen in der Nutzungsklasse 1 am stärksten ausgeprägt zu sein. Bei etwa 30 % der Initialschäden sind das Jahr und ggf. der Monat des Schadenseintritts bekannt (Tabelle 3-17). Bei zwei Dritteln aller Fälle ist das Datum, an dem der Schaden entdeckt wurde, aktenkundig. In Bild A-13 sind – zunächst unabhängig von der Art eines Initialschadens – die Häufigkeitsverteilungen des Jahres bzw. des Monats, an dem ein Schaden eingetreten ist, sowie die Häufigkeitsverteilung der Spanne zwischen Baujahr und Schadenseintritt (in Jahren) dargestellt. Die Modalwerte sind 2006 und Januar. Im Mittel wird nach 14 Jahren ein Schaden festgestellt. Der Modalwert bei der Spanne zwischen Baujahr und Schadenseintritt ist 5 Jahre. Insofern treten die meisten Schäden, immerhin 50 %, bereits innerhalb der ersten zehn Jahre der Nutzung auf. In Bild A-14 sind die drei gleichen Häufigkeitsverteilungen wie in Bild A-13 dargestellt, jedoch nur für die standsicherheitsrelevanten Initialschäden Knicken, Risse in Faserrichtung, Zug- und/oder Schubbruch sowie Blockscheren, also Schäden, die auch durch Einwirkungen aus Schnee begünstigt werden. Im Vergleich mit Bild A-13 kommt das Jahr 1982 als Modalwert hinzu. Die anderen Modalwerte sind unverändert.

Tabelle 3-17 Bemerkungen zum Schadendatum

Bemerkung Schadendatum	Anzahl/Gesamt	Anteil [%]
entdeckt	362/550	65,82
eingetreten	163/550	29,64
keine Angabe	25/550	4,55

In Tabelle 3-18 sind die Häufigkeiten der Zusammenhänge zwischen den standsicherheitsrelevanten Initialschäden und den jahreszeitlich zusammengefassten Monaten, an denen die Schäden tatsächlich eintraten, dargestellt. Es ist offensichtlich, dass im Winter die Eintrittswahrscheinlichkeit eines Schadens etwa doppelt so hoch zu sein scheint wie in den drei übrigen Jahreszeiten (vgl. relative Randhäufigkeiten in der letzten Zeile, 42,71 % - 19,79 % - 19,79 % - 17,71 %, sowie auch Zeilen-Prozentangaben bei den einzelnen Initialschäden). Nicht ganz so stark ausgeprägt ist der Unterschied zwischen den vier relativen Randhäufigkeiten, wenn die Monate, an denen die Schäden lediglich entdeckt wurden, zur Auswertung herangezogen werden (Tabelle A-13). Die relativen Randhäufigkeiten 35,65 % - 31,48 % - 18,66 % - 14,21 % in der letzten Zeile deuten darauf hin, dass in den Wintermonaten eingetretene Schäden (vor allem Risse in Faserrichtung) möglicherweise erst im Frühjahr mit einer gewissen Verzögerung entdeckt werden. Mit den Beziehungen in Tabelle 3-18 und Tabelle A-13 lässt sich die Annahme, dass sich eine niedrige relative Luftfeuchtigkeit in den Wintermonaten zusammen mit Einwirkungen aus Schnee ungünstig auf Konstruktionen vor allem aus Brettschichtholz auswirken, nicht widerlegen.

Tabelle 3-18 Standsicherheitsrelevante Initialschäden und zu Jahreszeiten zusammengefasste Monate, an denen die Schäden eintraten

```
Frequency
Percent
Row Pct
Col Pct        12-1-2   3-4-5    6-7-8    9-10-11  Total

Knicken            2       0        1        0        3
                2.08    0.00     1.04     0.00     3.13
               66.67    0.00    33.33     0.00
                4.88    0.00     5.26     0.00

Risse in Faserri  25       9       13        8       55
chtung         26.04    9.38    13.54     8.33    57.29
               45.45   16.36    23.64    14.55
               60.98   47.37    68.42    47.06

Schubbruch         6       4        3        4       17
                6.25    4.17     3.13     4.17    17.71
               35.29   23.53    17.65    23.53
               14.63   21.05    15.79    23.53

Zug- o. Schubbru   1       4        0        0        5
ch              1.04    4.17     0.00     0.00     5.21
               20.00   80.00     0.00     0.00
                2.44   21.05     0.00     0.00

Zugbruch           7       2        2        5       16
                7.29    2.08     2.08     5.21    16.67
               43.75   12.50    12.50    31.25
               17.07   10.53    10.53    29.41

Total             41      19       19       17       96
               42.71   19.79    19.79    17.71   100.00
```

Frequency Missing = 35

Hinweise: Winter = 12-1-2 = Dez. bis Feb. usw.; zu 35 Initialschäden fehlt der Monat des Schadenseintritts.

Die Häufigkeiten der Zusammenhänge zwischen Initialschäden und des in Dekaden eingeteilten Baujahres der auffällig gewordenen Bauwerke sind in Tabelle A-14 zusammengestellt. Hier gibt es zwei gegenläufige Beobachtungen (möglicherweise sogar Entwicklungen): Die Spalten-Prozentangaben beim Initialschaden Fäule werden mit abnehmendem Baujahr kleiner (33,33 % - 10,71 % - 5,58 % - 3,03 % - 1,54 % - 0,00 %), wohingegen die Spalten-Prozentangaben beim Initialschaden Risse in Faserrichtung mit abnehmendem Baujahr größer werden (22,22 % - 35,71 % - 65,99 % - 77,78 % - 81,54 % - 92,31 %). Während z. B. bei Bauwerken aus den 1960er Jahren von 28 Initialschäden noch 10,71 % auf Fäule und nur 35,71 % auf Risse in Faserrichtung entfallen, sind bei Bauwerken aus den 1990er Jahren von 65 Initialschäden nur noch 1,54 % Fäule und bereits 81,54 % Risse in Faserrichtung. Sicherlich können Schäden infolge Fäule nicht im gleichen Zeitraum entstehen wie Risse in Faserrichtung, die erfahrungsgemäß bereits in der ersten Heizperiode nach Fertigstellung beobachtet werden können. Einiges spricht jedoch dafür, dass der Holzbau dank erfolgreicher Aufklärungsarbeit zum (baulichen) Holzschutz das Problem mit Holz zerstörenden Pilzen weitgehend überwunden hat. Hier sei auf etliche aktuelle Lehrbücher, DIN 68800-2 (1996) aber auch auf Informationsschriften verwiesen wie z.B. der DGfH (1994). Das zeigt, dass eine offene Auseinandersetzung mit Problemen zu nachhaltigem Erfolg führen kann.

Die Verteilung der Bewertungen der Gutachter/Berichterstatter zur Standsicherheit der Bauteile oder Tragwerke ist in Tabelle 3-19 angegeben. Der Gesamtumfang (550) entspricht der Gesamtanzahl der Initialschäden. Insofern wird in Tabelle 3-19 auch die Verteilung der Konsequenzen dargestellt, die die einzelnen Initialschäden für die Standsicherheit der Bauteile oder Tragwerke hatten. Auffällig ist der hohe Anteil der Bauteile und Tragwerke, deren Standsicherheit noch gewährleistet oder gefährdet ist (etwa 15 % bzw. etwa 25 %). Offensichtlich lassen sich Anzeichen für eine Gefährdung der Standsicherheit mit dem Auge – manchmal auch zufällig – und zerstörungsfreien Prüfungen – so die Vorgehensweise bei Begutachtungen – erkennen. Dadurch können Maßnahmen rechtzeitig ergriffen werden, die die Standsicherheit weiterhin gewährleisten und die Lebensdauer der tragenden Konstruktion verlängern. Also kommt vor allem der Inspektion, Wartung und Instandsetzung von Tragkonstruktionen aus Holz große Bedeutung zu. Insgesamt stehen 135 Initialschäden (etwa 25 %) nachweislich im Zusammenhang mit Formen des Versagens oder des Einsturzes.

Tabelle 3-19 Bewertungen zur Standsicherheit

Standsicherheit	Anzahl/Gesamt	Anteil [%]
gewährleistet	43/550	7,82
noch gewährleistet	79/550	**14,36**
gefährdet	135/550	**24,55**
Versagen Bauteil	77/550	14,00
Versagen Tragwerk	3/550	0,55
Einsturz Bauteil	14/550	2,55
Einsturz Tragwerk	41/550	7,45
keine Angabe	158/550	28,73

Die Häufigkeiten der Zusammenhänge zwischen Initialschäden und Bewertungen zur Standsicherheit sind in Tabelle A-15 zusammengestellt. Damit lässt sich die Auswirkung eines bestimmten Initialschadens auf die Standsicherheit quantitativ darstellen und abschätzen. Offensichtlich führen insbesondere solche Initialschäden (Knicken, plötzliche Zug- und Schubbrüche sowie verborgene Fäule und Korrosion von nicht sichtbaren Knotenblechen) zu Versagen und Einsturz, die sich nicht ohne weiteres erkennen lassen. Der gut sichtbare klaffende Riss in Faserrichtung, dessen Tiefe und damit die verbleibende Querschnittsbreite messbar sind, steht als häufigster Initialschaden nur in etwa 13 % der 384 Fälle nachweislich im Zusammenhang mit Formen des Versagens oder Einsturzes von Bauteilen oder Tragwerken. Die Summe der Zeilen-Prozentangaben in den ersten vier Spalten (Tabelle A-15, Einsturz Bauteil/Tragwerk und Versagen Bauteil/Tragwerk) beträgt lediglich

$$0,52 + 1,30 + 11,20 + 0,00 = 13,02\%.$$

Dieser Anteil wird in Wirklichkeit etwas höher ausfallen, weil zu 34,90 % der Risse in Faserrichtung (134 Fälle) keine Angabe zur Standsicherheit vorliegt. Werden diese Risse proportional auf die vorhandenen Bewertungen verteilt, betrüge der Anteil nicht 13 %, sondern 20 %. Im Gegensatz dazu beträgt die Summe der Zeilen-Prozentangaben bei Schubbrüchen

$$11,54 + 7,69 + 50,00 + 0,00 = 69,23\%,$$

bei Zug- oder Schubbrüchen

$$22,2 + 44,44 + 33,33 + 0,00 \approx 100\%$$

und bei Zugbrüchen

$$14,81 + 18,52 + 48,15 + 3,70 = 85,18\%.$$

Diese Betrachtung darf aber keinesfalls dazu führen, die Auswirkungen von Rissen in Faserrichtung hinsichtlich der Standsicherheit zu verharmlosen. Die hohe absolute Anzahl an Rissen in Faserrichtung (immerhin 384 Fälle) im Vergleich mit der absoluten Anzahl der anderen Initialschäden führt auch bei 20 % zu vergleichsweise vielen Fällen von Einsturz und Versagen. Die Spalten-Prozentangaben in den ersten drei Spalten der Tabelle A-15 betragen schließlich 14,29 %, 12,2 % und 54,84 %. Diese Werte würden sich ebenso erhöhen, wenn die 134 Risse in Faserrichtung, die keine Angabe zur Bewertung der Standsicherheit haben, proportional verteilt würden. Zuverlässige Angaben zur tatsächlichen Schneebelastung zum Zeitpunkt des Versagens oder Einsturzes eines Bauteils oder Tragwerks und zur Ausnutzung sind derart selten, dass auf eine Beschreibung der Werte hier verzichtet wird.

3.2.5 Allgemeine Fehlerquellen

Die Verteilung der allgemeinen Fehlerquellen, die im Einzelnen jedem individuellen Initialschäden zugeordnet sind (Mehrfachzuordnungen sind die Regel), zeigt Tabelle 3-20. Insgesamt sind den 550 Initialschäden zunächst 985 allgemeine Fehlerquellen zugeordnet. „Keine Angabe" wird dabei als mindestens eine Fehlerquelle bewertet. Der Fehlerquellen-Initialschaden-Quotient (hier als FIQ definiert) beträgt damit:

$$FIQ = \frac{985}{550} \approx 1{,}8 \, .$$

Mit einem Schaden sind demnach im Mittel fast zwei Fehlerquellen assoziiert.

Tabelle 3-20 Verteilung der allgemeinen Fehlerquellen

Fehlerquellen	Anzahl/Gesamt	Anteil [%]
Planung	64/985	6,50
Ausführung	52/985	5,28
Montage	22/985	2,23
Bauphysik	59/985	5,99
Belastung	105/985	10,66
Konstruktion	289/985	29,34
Materialqualität	81/985	8,22
Feuchtigkeit	21/985	2,13
Insekten	0/985	0,00
Klimawechsel	126/985	12,79
Schwinden oder Quellen	97/985	9,85
Instandhaltung	10/985	1,02
keine Angabe	59/985	5,99

In der Hauptsache werden Schäden im Zusammenhang mit Konstruktionen gesehen. In diesem Punkt sind sich alle Gutachter/Berichterstatter einig. Die Spalten-Prozentangaben in Tabelle A-16 in der Zeile „Konstruktion" liegen bei allen differenziert aufgeführten Gutachtern/Berichterstattern zwischen 20,83 % und 33,33 %. Der Anteil von rund 29 % in der vorstehenden Gesamtverteilung entspricht damit grundsätzlich auch den Einzeleinschätzungen der Sachverständigen. Weiter sind Klimawechsel von großer Bedeutung für Schäden, insbesondere für Risse in Faserrichtung bei Brettschichtholz. Auch hier besteht im Großen und Ganzen Übereinstimmung zwischen den Einzeleinschätzungen und dem Anteil in der Gesamtverteilung. Von mäßiger Bedeutung sind Fehlerquellen hinsichtlich der Belastung, Materialqualität, Planung, Bauphysik und Ausführung sowie Schwinden oder Quellen. Eine untergeordnete Rolle spielen ungünstige Einflüsse aus Montage, Feuchtigkeit und Instandhaltung. Dass Insekten einen schädlichen Einfluss auf Bauteile ausgeübt hätten, ist in keinem Fall der hier ausgewerteten Schadenssammlung dokumentiert.

An dieser Stelle ist bereits eine simple Schlussfolgerungen möglich: Schäden lassen sich reduzieren, in dem die Anzahl der Fehlerquellen in der Gesamtheit der Bauwerke verringert wird. Das geht aus obiger Gleichung für den FIQ hervor, unter der Voraussetzung, dass ein konstantes Verhältnis zwischen Fehlerquellen und Initialschäden besteht. Da sich einige Fehlerquellen bereits in der Planungs- und Ausführungsphase (diese schließe hier die Fehlerquellen Planung, Bauphysik, Konstruktion und Ausführung mit ein) einschleichen, könnten im Falle einer idealen Planung und Ausführung nahezu 50 % der Fehlerquellen (6,50 + 5,28 + 5,99 + 29,34 = 47,11 %) ausgeschaltet und damit etliche Schäden vermieden werden – vorausgesetzt der Bauherr ist bereit, die entsprechenden Mehrkosten für eine qualifiziertere Planung und bessere Ausführung aufzubringen. Auf die Materialqualität wird man nur einen eingeschränkten Einfluss ausüben können, weil Holz ein natürlicher Baustoff ist, ausgenommen Holzwerkstoffe mit ausgesprochen homogenen Eigenschaften. Ebenso wenig wird es möglich sein, schädliche Einwirkungen aus Klimaschwankungen oder aus Schwinden oder Quellen auf Bauteile gänzlich zu beseitigen.

Welche Fehlerquellen ggf. in einem ursächlichen Zusammenhang mit ausgewählten Initialschäden gesehen werden, wird in Tabelle A-17 deutlich. Darin sind die Häufigkeiten der Zusammenhänge zwischen Initialschäden und zugeordneten Fehlerquellen angegeben. Bei den Initialschäden mit einer Häufigkeit von über 5 % (vgl. Tabelle 3-16), die auch zugleich für die Standsicherheit relevant sind, können anhand der Zeilen-Prozentangaben als häufigste die folgenden Hauptbeziehungen zwischen Fehlerquellen und Initialschäden identifiziert werden:

- Konstruktion (38,10 %) → Fäule
- Konstruktion (34,68 %) → Risse in Faserrichtung
- Konstruktion (20,00 %) + Belastung (16,67 %) → Schubbruch
- Belastung (25,45 %) + Materialqualität (23,64 %) → Zugbruch

Unter dem Begriff Konstruktion, hier im Sinne der Fehlerquelle, wird auch die ungenügende Gestaltung von Form und Zusammenbau eines Bauteils/Tragwerks verstanden. Eine Verbesserung des Konstruktionsprozesses, der Ausarbeitung eines Entwurfs mittels technischer Berechnungen und Überlegungen, ist offensichtlich der Schlüssel zur zukünftigen Schadensvermeidung. Inwiefern eine Rückkehr zur Regelung in DIN 1052-1 (1969), die u. a. explizit eine Vermeidung von Zugspannungen rechtwinklig zur Faserrichtung forderte, sinnvoll ist, sollte vor dem Hintergrund der etlichen Rissschäden neu diskutiert werden. Die im Zuge der Forschungsarbeit Blaß et al. (2009) erarbeiteten höheren Anforderungen an charakteristische Zugfestigkeiten von Brettern und Keilzinkenverbindungen in Brettschichtholz könnten, soweit sie in Zukunft baurechtlich geregelt werden würden, Zugbrüchen bei Brettschichtholz teilweise vorbeugen und auch hier die Versagenswahrscheinlichkeit reduzieren.

3.2.5.1 Genauere Bestimmungen der Fehlerquellen

Im Baumdiagramm (Bild 2-11) sind zur weiteren Differenzierung neun der 12 allgemeinen Fehlerquellen in der rechten Spalte jeweils genauere Bestimmungen zugeordnet. Ebenso wurden jedem Schadensfall bei der Datenerfassung zunächst mindestens eine zutreffende allgemeine Fehlerquelle und dann, wo erforderlich, eine entsprechende genauere Bestimmung zugeordnet. Insofern sind die Treffer jeder allgemeinen Fehlerquelle und diejenigen der genaueren Bestimmungen hinsichtlich der Summe stets identisch. In den folgenden Absätzen werden die Verteilungen der genaueren Bestimmungen kurz beschrieben.

Tabelle 3-21: Planungsfehler sind in den meisten Fällen auf die Nichtbeachtung der geltenden Vorschriften bzw. des vorhandenen Ingenieurwissens zurückzuführen. An zweiter Stelle stehen die für den Planer unvermeidbaren Konflikte aufgrund von zukünftigen Normenänderungen. Fehler in Standsicherheitsnachweisen haben einen Anteil von etwa 20 %.

Tabelle 3-21 Verteilung der Planungsfehler

Bestimmung	Anzahl/Gesamt	Anteil [%]
Vorschrift u. Ingenieurwissen	26/64	40,63
Änderung Vorschrift	22/64	34,38
Materialwahl	2/64	3,13
Standsicherheitsnachweis	14/64	21,88

Tabelle 3-22: Bei der Ausführung eines Bauwerks werden vor allem Fehler hinsichtlich der Entwässerung (z.B. Flachdächer) und bei den Verbindungsmitteln (Anordnung, sachgerechtes Einbringen, Anzahl) gemacht. Noch zu nennen sind Verstöße gegen Vorschriften (z.B. Unregelmäßigkeiten bei der werkseigenen Produktionskontrolle), die im Zuge der Ausführung einzuhalten sind, und ungünstige Veränderungen des Tragsystems, das der statischen Berechnung zugrunde lag. Da typische Ausführungsmängel bei Dachtragwerken in Nagelplattenbauweise aufgrund der dürftigen Datenlage in dieser Schadenssammlung nicht differenziert darstellbar sind, eine solche Darstellung der heute häufigen und flächendeckenden Verwendung von Nagelplattenbindern jedoch angemessen ist, werden entsprechende Feststellungen von Hinkes (2005) angeführt: Ausführungsmängel betreffen unzureichende Befestigun-

gen von Dachlatten (an den Stoßstellen bzw. hinsichtlich des Versetzens von Stö-
ßen), falsche Verankerungen und die ungenügende Vorspannung von Windrispen-
bändern, unwirksame Konstruktionen zur Weiterleitung von Windlasten, z.B. in den
Ringbalken aus Stahlbeton, und fehlende Stabilisierungen der druckbeanspruchten
Fachwerkstäbe.

Tabelle 3-22 Verteilung der Ausführungsfehler

Bestimmung	Anzahl/Gesamt	Anteil [%]
Entwässerung	15/52	28,85
Festigkeitsklasse	2/52	3,85
Tragwerksgeometrie	2/52	3,85
Querschnittsmaße	3/52	5,77
Verbindungsmittel	10/52	19,23
frisches Holz	4/52	7,69
Vorschriften	7/52	13,46
Tragsystem	9/52	17,31

Tabelle 3-23: Der mit Abstand häufigste Fehler bei der Montage ist, dass Brettschichtholzbauteile während der Bauphase ungeschützt der Witterung ausgesetzt
werden (Bild 3-1). Unplanmäßige Verzögerungen beim Aufbringen der Dachhaut und
ungünstige Witterung wie lang anhaltender Regen können dabei zu hohen Holz-
feuchtigkeiten und das spätere Beheizen des Bauwerks zu Rissschäden führen. Hier
wird allgemein auf Produkte zum Leimbinderschutz hingewiesen, die während des
Transports und der Montage einen Schutz von mehreren Wochen bei freier Bewitte-
rung bieten.

Bild 3-1   Kritische Bauphase: Die Konstruktion aus Brettschichtholz ist ohne schüt-
zende Hülle der Witterung ausgesetzt

Tabelle 3-23 Verteilung der Montagefehler

Bestimmung	Anzahl/Gesamt	Anteil [%]
Feuchtigkeitsaufnahme	18/22	81,82
Lagesicherung	3/22	13,64
Transportschaden	1/22	4,55

Tabelle 3-24: Nicht zuletzt der Einsturz der Eissporthalle in Bad Reichenhall im Januar 2006 hat das Thema Wärmestrahlung bei Eissporthallen und die damit ggf. verbundene Kondensatbildung am Dachtragwerk aktueller den je gemacht. In der Folge etlicher Überprüfungen von Eissporthallen seit Anfang 2006 wurden entsprechend viele Fälle (40 %), in denen Wärmestrahlung bei Eissporthallen zu kritischen Holzfeuchten führte, identifiziert. Auf die vier übrigen Bestimmungen entfallen jeweils etwa 15 %.

Tabelle 3-24 Verteilung der bauphysikalischen Fehler

Bestimmung	Anzahl/Gesamt	Anteil [%]
Durchdringung	8/59	13,56
Innen- und Außenklima	8/59	13,56
Dachaufbau	9/59	15,25
Wärmestrahlung	23/59	38,98
Sonneneinstrahlung	11/59	18,64

Tabelle 3-25: Hinsichtlich der Fehlerquelle Belastung zeichnen sich deutlich drei maßgebende Einwirkungen ab: Zu hohe Schneebelastung 45 % (einschließlich der weiteren spezifischen Formen von Einwirkungen aus Schnee), Überlastungen infolge zu hoher ständiger Lasten und schließlich die Wassersackbildung, die nachweislich in 11 von 14 Fällen zu Formen des Einsturzes oder Versagens führte. Alle anderen Aspekte spielen offensichtlich eine untergeordnete Rolle.

Tabelle 3-26: Besonders auffällig sind Bauteilformen (Krümmung oder Knick), die infolge planmäßiger Schnittkräfte Zugspannungen quer zur Faser aufweisen, bzw. Konstruktionen, bei denen das Schwinden des Holzes behindert ist. Jeweils 9 % der Bestimmungen entfallen auf mangelhaften baulichen Holzschutz und Queranschlüsse. In mäßigem Umfang sind Durchbrüche und Ausklinkungen in Schäden verwickelt. Trotz angeordneter Verstärkungsmaßnahmen zur Aufnahme von Spannungen quer zur Faser gibt es nachweislich Risse in Faserrichtung.

Tabelle 3-25 Verteilung der genaueren Bestimmungen zur Belastung

Bestimmung	Anzahl/Gesamt	Anteil [%]
ständige Last	16/105	12,24
Schnee	36/105	34,29
Nassschnee	7/105	6,67
Schneeanhäufungen	4/105	3,81
Sturm	1/105	0,95
Windsog	4/105	3,81
Wassersack	14/105	13,33
Schwingungen	7/105	6,67
Fahrzeuganprall	3/105	2,86
Blitz	1/105	0,95
vermutet	12/105	11,43

Tabelle 3-26 Verteilung der Konstruktionsbeschreibungen

Bestimmung	Anzahl/Gesamt	Anteil [%]
Ausklinkung	12/289	4,15
Ausklinkung verstärkt	1/289	0,35
Ausmitte	6/289	2,08
Dübelkreis	5/289	1,73
Durchbruch	18/289	6,23
Durchbruch verstärkt	2/289	0,69
allg. fehleranfällig	7/289	2,42
Holzschutz	26/289	9,00
Queranschluss	25/289	8,65
Schwindbehinderung	48/289	16,61
Krümmung oder Knick	110/289	38,06
Krümmung oder Knick verstärkt	13/289	4,50
Spaltgefahr	3/289	1,04
ungewollte Einspannung	11/289	3,81
Unverträglichkeit	2/289	0,69

Tabelle 3-27: In zwei Dritteln der Fälle werden mangelhafte Klebefugen im Zusammenhang mit der Materialqualität angegeben. Etwa 15 % der Bestimmungen entfallen jeweils auf mangelhafte Holz- bzw. Keilzinkenqualität. Vorschädigungen sind selten. Mängel bei der Herstellung von Nagelplattenbindern mit Folgen für die Qualität sind aufgrund fehlender Daten nicht in Tabelle 3-27 darstellbar. Sie stehen haupt-

sächlich im Zusammenhang mit zu hoher Holzfeuchte und betreffen die Formschlüssigkeit von Kontaktanschlüssen, z. B. Fritzen (2002).

Tabelle 3-28: Zu über 80 % ist schädlicher Feuchtigkeitszutritt zu Holzbauteilen auf Dachundichtigkeiten zurückzuführen. Sprinkleranlagen (in Reithallen), als Ursache schädlicher Feuchtigkeit, sind auch aktenkundig.

Tabelle 3-29: Hauptsächlich ist es die unterlassene Wartung/Inspektion von Holzbauteilen, die zur Entstehung bzw. Verschleppung von Schäden führt. Dass z.b. eine Instandsetzungsmaßnahme, die durch eine Inspektion ausgelöst wurde, schließlich unausgeführt bleiben, ist erwartungsgemäß selten.

Tabelle 3-27 Verteilung der Details zur Materialqualität

Bestimmung	Anzahl/Gesamt	Anteil [%]
Qualität Holz	11/81	13,58
Qualität Keilzinken	12/81	14,81
Qualität Klebefugen	54/81	66,67
Vorschädigung	2/81	2,47
keine Angabe	2/81	2,47

Tabelle 3-28 Verteilung der Details zur Feuchtigkeit

Bestimmung	Anzahl/Gesamt	Anteil [%]
Dachundichtigkeit	17/21	80,95
Sprinkleranlage	2/21	9,52
sonstige Herkunft	2/21	9,52

Tabelle 3-29 Verteilung der Details zur Instandhaltung

Bestimmung	Anzahl/Gesamt	Anteil [%]
Wartung/Inspektion	9/10	90
Instandsetzung	1/10	10

Zu den allgemeinen Fehlerquellen Insekten, Klimawechsel und Schwinden oder Quellen gibt es keine weitere Differenzierung (vgl. Bild 2-11).

4 Schlussfolgerungen – ausgewählte Fragestellungen

4.1 Rück-/Auswirkungen der DIN 1055-5 (2005)

In Abschnitt 3.2.1 wurde auf die wesentlich höheren charakteristischen Werte der Schneebelastung (s_k) in DIN 1055-5 (2005) im Vergleich zur Regelschneelast ($s0$) in DIN 1055-5 (1975/1994) bei einigen wenigen Bauwerken hingewiesen. Werden solche Bauwerke mit der Bedingung

$$s_k \cdot \mu_1 = s_k \cdot 0{,}80 > 1{,}25 \cdot s0 \qquad (1)$$

aus der Schadenssammlung isoliert, können Erkenntnisse über die Auswirkungen der neuen Schneebelastungen, bereits in der Vergangenheit, gewonnen werden, zumal die beiden Zeiträume, in denen Schäden beobachtet und Messwerte der Schneebelastung erhoben wurden, ähnlich sind. Der Unterschied zwischen dem mit dem Formbeiwert bereinigten charakteristischen Wert der Schneebelastung ($s_k \cdot 0{,}80$) und der Regelschneelast $s0$ wurde in der Bedingung (1) so gewählt, dass heute eine um mehr als 25 % höhere Schneelast als damals anzusetzen wäre. Rückwirkend wäre damit der Teilsicherheitsbeiwert γ_F = 1,50 zu 83 % aufgezehrt. Ohne genaueren Nachweis soll damit modelliert werden, dass die größtmögliche ungünstige Abweichung der Einwirkung überschritten wurde, weil der Teilsicherheitsbeiwert γ_F schließlich noch Möglichkeiten ungenauer Modellannahmen und Unsicherheiten in der Bestimmung der Auswirkungen abzudecken hat (vgl. DIN 1055-100 2001).

Insgesamt genügen 40 Initialschäden der Bedingung (1). Die ihnen zugeordneten Bewertungen zur Standsicherheit (Tabelle 4-1) zeigen, dass 52,5 % der Fälle mit Formen des Einsturzes oder Versagens in Verbindung stehen. Das sind mehr als doppelt so viele Fälle wie in Tabelle 3-19, in der die Verteilung der Bewertungen für alle 550 Initialschäden dargestellt ist. Der Anteil der allgemeinen Fehlerquelle Belastung beträgt bei den 40 hier isolierten Initialschäden mindestens 20,55 % (Tabelle 4-2, keine Angabe: 5,48 %) und ist damit fast doppelt so hoch wie in Tabelle 3-20. Darin stehen lediglich 10,66 % (keine Angabe: 5,99 %) der allgemeinen Fehlerquellen im Zusammenhang mit der Belastung. Hinsichtlich des Anteils der allgemeinen Fehlerquelle Konstruktion gibt es bei den beiden vergleichenden Auswertungen für die 40 isolierten und alle 550 Schäden keine wirklichen Unterschiede: 28,77 % (Tabelle 4-2) ≈ 29,34 % (Tabelle 3-20). Dass folgerichtig auch die Verhältnisse bei den genaueren Bestimmungen zur Belastung verändert sind, zeigt Tabelle 4-3: Zwei Drittel der 15 genaueren Bestimmungen entfallen auf Einwirkungen aus Schnee. In Tabelle 3-25 sind es nur 45 %. Insofern stehen die den Schadensbeschreibungen entnommenen zumeist subjektiven Eindrücke einer überhöhten Schneebelastung mit den wirklichen Verhältnissen nicht im Widerspruch.

Die Annahme, dass in der Vergangenheit eine die Regelschneelast deutlich übersteigende Schneebelastung für etliche Formen des Versagens und Einsturzes mit auslösend war, lässt sich also nicht widerlegen. Die in DIN 1055-5 (2005) im Vergleich mit DIN 1055-5 (1975/1994) festgelegten höheren charakteristischen Werte der Schneebelastung sind vor dem Hintergrund der hier betrachteten 40 Initialschäden ein baurechtlicher richtiger Schritt hinsichtlich einer geringeren Versagenswahrscheinlichkeit. Solche Schlussfolgerungen sind auf der Grundlage einer umfangreichen (in zeitlicher Hinsicht und die Konstruktionsvielfalt betreffend) und überregionalen Datenbank möglich.

Tabelle 4-1   Bewertungen zur Standsicherheit

Standsicherheit	Anzahl/Gesamt	Anteil [%]
gewährleistet	1/40	2,50
noch gewährleistet	5/40	12,50
gefährdet	7/40	17,50
Versagen Bauteil	6/40	15,00
Versagen Tragwerk	0/40	0,00
Einsturz Bauteil	2/40	5,00
Einsturz Tragwerk	13/40	32,50
keine Angabe	6/40	15,00

Tabelle 4-2   Verteilung der allgemeinen Fehlerquellen

Fehlerquellen	Anzahl/Gesamt	Anteil [%]
Planung	10/73	13,70
Ausführung	4/73	5,48
Montage	1/73	1,37
Bauphysik	2/73	2,74
Belastung	15/73	20,55
Konstruktion	21/73	28,77
Materialqualität	5/73	6,85
Feuchtigkeit	1/73	1,37
Insekten	0/73	0,00
Klimawechsel	6/73	8,22
Schwinden oder Quellen	3/73	4,11
Instandhaltung	1/73	1,37
keine Angabe	4/73	5,48

Tabelle 4-3   Verteilung der genaueren Bestimmungen zur Belastung

Bestimmung	Anzahl/Gesamt	Anteil [%]
ständige Last	1/15	6,67
Schnee	7/15	46,67
Nassschnee	2/15	13,33
Schneeanhäufungen	1/15	6,67
Sturm	1/15	6,67
Windsog	0/15	0,00
Wassersack	1/15	6,67
Schwingungen	1/15	6,67
Fahrzeuganprall	0/15	0,00
Blitz	0/15	0,00
vermutet	1/15	6,67

4.2 Satteldachträger

Die Schadenssammlung wird massiv von Querzugrissen in Satteldachträgern geprägt (vgl. Bild 2-3). Werden diese Schadensfälle mit den folgenden Bedingungen:

- Initialschaden = „Risse in Faserrichtung",
- Bauteilform = „Satteldach",
- Schadensstelle (x,z) = „Feldmitte" und
- Baustoff = „BSH"

identifiziert, liegen nachweislich 171 Querzugschäden in fast ebenso vielen unterschiedlichen Bauwerken vor. Für die weitere Betrachtung werden die Häufigkeiten der Zusammenhänge zwischen dem Baujahr und dem Zeitraum ab Baujahr bis zur Entdeckung eines Querzugrisses, jeweils in 5-Jahresintervalle eingeteilt, in Tabelle 4-4 dargestellt. Demnach wurde man in den späten 1960er Jahren auf die ersten Querzugschäden aufmerksam (eingekreiste 4). 1980 waren es bereits mindestens 4 + 2 + 7 = 13, 1985: 4 + 2 + 1 + 7 + 9 + 7 = 30, 1990: 4 + 2 + 1 + 2 + 7 + 9 + 5 + 7 + 7 + 12 = 56 Fälle usw. Die tatsächliche Anzahl dieser spezifischen Querzugrisse ist um ein Vielfaches höher, weil bei weitem nicht alle dokumentierten Querzugschäden für diese Schadenssammlung zugänglich waren und weil bei Hallen mit mehreren Binderachsen i. d. R. weitere Träger, manchmal sogar alle Träger, denselben Schaden zeigten. Diese weiteren Fälle wurden vereinbarungsgemäß nicht gesondert erfasst (siehe Abschnitt 2.2.4, Definition Initialschaden). Auch gibt es gewiss eine hohe Dunkelziffer von Querzugschäden.

Tabelle 4-4   Baujahr (Zeilen) und Zeitraum (Spalten) bis zur Entdeckung von klaffenden Querzugrissen in Satteldachträgern, beide Merkmalsausprägungen in 5-Jahresintervalle zusammengefasst

```
Frequency
Percent
Row Pct
Col Pct        00 - 05   06 - 10   11 - 15   16 - 20   21 - 25   26 - 30   31 - 35   keine     Total
                                                                                      Angabe


1900 - 1965        0         0         0         0         0         0         1         1         2
                0.00      0.00      0.00      0.00      0.00      0.00      0.58      0.58      1.17
                0.00      0.00      0.00      0.00      0.00      0.00     50.00     50.00
                0.00      0.00      0.00      0.00      0.00      0.00     20.00      3.33


1966 - 1970       (4)        2         1         2         0         1         0         0        10
                2.34      1.17      0.58      1.17      0.00      0.58      0.00      0.00      5.85
               40.00     20.00     10.00     20.00      0.00     10.00      0.00      0.00
                8.00      7.14      4.55     11.11      0.00      8.33      0.00      0.00


1971 - 1975        7         9         5         4         3         2         4         0        34
                4.09      5.26      2.92      2.34      1.75      1.17      2.34      0.00     19.88
               20.59     26.47     14.71     11.76      8.82      5.88     11.76      0.00
               14.00     32.14     22.73     22.22     50.00     16.67     80.00      0.00


1976 - 1980        7         7         1         6         1         9         0         0        31
                4.09      4.09      0.58      3.51      0.58      5.26      0.00      0.00     18.13
               22.58     22.58      3.23     19.35      3.23     29.03      0.00      0.00
               14.00     25.00      4.55     33.33     16.67     75.00      0.00      0.00


1981 - 1985       12         7         5         0         2         0         0         0        26
                7.02      4.09      2.92      0.00      1.17      0.00      0.00      0.00     15.20
               46.15     26.92     19.23      0.00      7.69      0.00      0.00      0.00
               24.00     25.00     22.73      0.00     33.33      0.00      0.00      0.00


1986 - 1990       10         2         2         6         0         0         0         0        20
                5.85      1.17      1.17      3.51      0.00      0.00      0.00      0.00     11.70
               50.00     10.00     10.00     30.00      0.00      0.00      0.00      0.00
               20.00      7.14      9.09     33.33      0.00      0.00      0.00      0.00


1991 - 1995        5         1         8         0         0         0         0         2        16
                2.92      0.58      4.68      0.00      0.00      0.00      0.00      1.17      9.36
               31.25      6.25     50.00      0.00      0.00      0.00      0.00     12.50
               10.00      3.57     36.36      0.00      0.00      0.00      0.00      6.67


1996 - 2000        1         0         0         0         0         0         0         0         1
                0.58      0.00      0.00      0.00      0.00      0.00      0.00      0.00      0.58
              100.00      0.00      0.00      0.00      0.00      0.00      0.00      0.00
                2.00      0.00      0.00      0.00      0.00      0.00      0.00      0.00


2001 - 2005        2         0         0         0         0         0         0         0         2
                1.17      0.00      0.00      0.00      0.00      0.00      0.00      0.00      1.17
              100.00      0.00      0.00      0.00      0.00      0.00      0.00      0.00
                4.00      0.00      0.00      0.00      0.00      0.00      0.00      0.00


keine Angabe       2         0         0         0         0         0         0        27        29
                1.17      0.00      0.00      0.00      0.00      0.00      0.00     15.79     16.96
                6.90      0.00      0.00      0.00      0.00      0.00      0.00     93.10
                4.00      0.00      0.00      0.00      0.00      0.00      0.00     90.00


Total             50        28        22        18         6        12         5        30       171
               29.24     16.37     12.87     10.53      3.51      7.02      2.92     17.54    100.00
```

Grundsätzlich lässt die Darstellung in Tabelle 4-4 eine gewisse Trägheit hinsichtlich der Reaktion auf die Querzugproblematik erahnen: In den 1990er Jahren wurden weiterhin Satteldachträger produziert, die in den Folgejahren durch Querzugrisse auffällig wurden. Die Kontingenztabelle zeigt außerdem, dass ein Ende von Querzugschäden bei Satteldachträgern noch nicht erreicht ist. Bei Bauwerken z. B. aus den 1990er Jahren sind sehr wahrscheinlich noch Schäden zu erwarten. Aufgrund dieser Beobachtungen und Einschätzungen sollte deutlich werden, dass bei zukünftigen Problemstellungen, die naturgemäß jetzt noch nicht bekannt sind, eine zentrale Erfassung von Schäden und beispielsweise eine turnusmäßige Auswertung die Reaktionsfähigkeit im Hinblick auf eine nachhaltige Bewältigung solcher Probleme bo schleunigen könnte.

Angesichts der Fülle der Querzugschäden, die immer auch im Zusammenhang mit Schwinden bzw. Quellen in der Ebene gekrümmter Bereiche standen, entwickelte sich die Überlegung, ob umgekehrt analog zur Anisotropie der Schwind- und Quellmaße in der Hirnfläche von Holz (vgl. hierzu DIN 52184 1979) auch in gekrümmten Bereichen von Brettschichtholz ebenso schädliche Querzugspannungen wirken könnten. Während aus ingenieurtechnischer Sicht die Anisotropie der Schwind- und Quellmaße in der Hirnfläche durch das Verhältnis 2/1 (tangential/radial) gekennzeichnet ist, beträgt es bei (gekrümmtem) Brettschichtholz 1/24 (longitudinal/tangential-radial) und ist damit hinsichtlich des Unterschieds zwischen den jeweiligen Schwind- und Quellmaßen wesentlich stärker ausgeprägt als in der Hirnfläche.

Die Ursachen des typischen V-Risses in einer Baumscheibe als Folge des Schwindens wurden bereits – auch mit mathematischen Modellen für polar-orthotropes Material – beschrieben (z.B. Kubler 1975 sowie Tauchert und Hsu 1977). Kang und Lee (2004) berichten in ihrer experimentellen Arbeit, dass in vollständigen Baumscheiben, bei denen das freie Schwinden aufgrund der in tangentialer und radialer Richtung unterschiedlichen Schwindmaße behindert ist, Eigenspannungen und daher Risse entstehen. Im Gegensatz dazu ist bei Baumscheiben-Teilen, die keine Markröhre enthalten, freies Schwinden ohne die Entstehung von Eigenspannungen möglich (Hsu und Tang 1975). Solche Überlegungen sind theoretisch und setzten ideales polar-orthotropes Material und konstante Verhältnisse voraus, also Zustände, die in der Praxis nicht zu erwarten sind. Über das von der Holzfeuchtigkeit abhängige Verformungsverhalten von gekrümmten Brettschichtholz-Bereichen wie z.B. offenen Kreisringstücken und über entsprechende Spannungszustände wurden im Schrifttum nur wenige Hinweise gefunden (Larsen und Riberholt 1983 bzw. Hoffmeyer 1995 und AITC Technical Note 2 1992).

Die Folgen der Wechselwirkung zwischen Holzfeuchte-Änderungen (Δu) und der Schwindungs- und Quellungsanisotropie in der Ebene von gekrümmten Brettschichtholz-Bauteilen sollen zunächst durch das einfache Modell in Bild 4-1 verdeutlicht werden. Es steht für einen 1fach statisch unbestimmt gelagerten Bogen, ein 90°-Kreisringstück, wobei zunächst angenommen wird, dass sowohl der Schubmodul in

Bogenebene als auch das Schwindmaß in Faserrichtung null seien. Alle weiteren Materialeigenschaften seien konstant. Mit gestrichelten Linien ist in Bild 4-1 die Verformungsfigur dargestellt, die sich beim Schwinden (ohne Feuchtegefälle), symmetrisch um die gekrümmte Schwerelinie, einstellt: Die Höhe (h_0) nimmt ab und die Hirnflächen des verformten Kreisringstücks schließen einen größeren Winkel ein als diejenigen des unverformten. Da das Schwindmaß in Faserrichtung null ist und dasjenige quer zur Faser größer null ist, besteht zwischen den neuen Radien und den entsprechenden Teilumfängen kein konstantes Verhältnis mehr. Schwindmaße, die in orthogonal zueinander stehenden Richtungen unterschiedlich sind, bedingen daher bei Holzfeuchte-Änderungen eine geometrische Unverträglichkeit im Modell. Dieser Effekt lässt sich auch mit einer Finite-Elemente-Berechnung, die den Modellannahmen entspricht, darstellen (Bild 4-2). Da bei Brettschichtholz Gleitungen in Faserrichtung zwischen den gekrümmten Fasern ohne Schädigung der Struktur nicht möglich sind, ist das Kreisringstück in sich „blockiert". Beim Modell in Bild 4-1 haben Holzfeuchte-Änderungen schließlich Zwangsspannungen zur Folge.

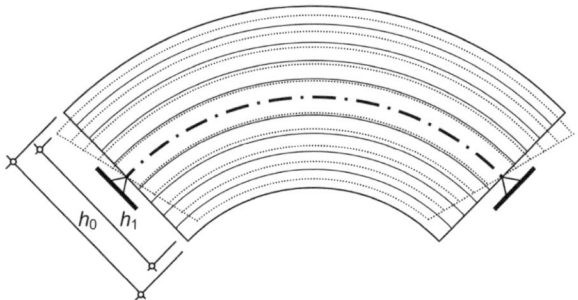

Bild 4-1   90°-Kreisringstück: Beim Schwinden ($h_0 \rightarrow h_1$), symmetrisch um die gekrümmte Schwerelinie, kommt es besonders an den Hirnflächen zu Schubverzerrungen; unmaßstäbliche Darstellung

Wird im Modell das rechte Auflager in ein horizontal verschiebliches Lager geändert – es entsteht damit ein statisch bestimmt gelagertes Kreisringstück – und der Schubmodul wirklichkeitsnah angesetzt, stellt sich am Kreisringstück aufgrund des nunmehr freien Schwindens die von Zwangsspannungen freie Verformungsfigur in Bild 4-3 ein. Es gibt nun weder elastische Dehnungen noch elastische Verzerrungen: Alle vor und nach dem Schwinden einander entsprechenden Teilumfänge sind gleich lang; die Hirnflächen bilden an den Ecken mit den Tangenten der Kreisbögen einen rechten Winkel. Während die Krümmung der Schwerelinie beim statisch unbestimmt gelagerten Kreisringstück unverändert bleibt, nimmt sie beim statisch bestimmt gelagerten Kreisringstück zu und die Hirnflächen schließen daher einen größeren Winkel ein als vor dem Schwinden.

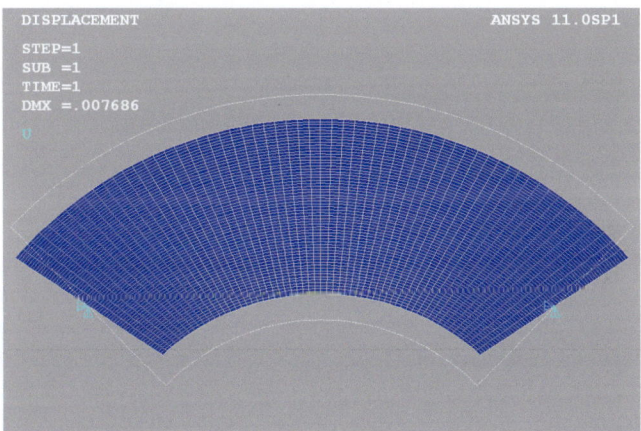

Bild 4-2   Verformungsfigur (Netz) für das statisch unbestimmt gelagerte Kreisring-
          stück in Bild 4-1

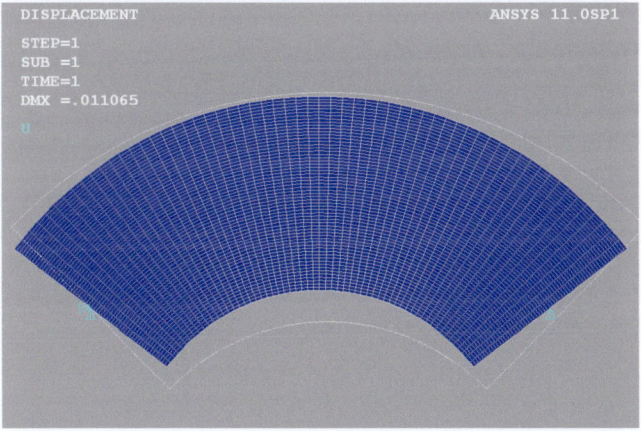

Bild 4-3   Verformungsfigur (Netz) für das statisch bestimmt gelagerte Kreisringstück

Für das freie Schwinden eines Kreisringstücks aus Brettschichtholz gelten unter
idealen Bedingungen (ideales polar-orthotropes Materialverhalten und konstante Verhältnisse) folgende Beziehungen: Für den Radius einer beliebigen Faser nach dem
Schwinden oder Quellen (r_2) gilt Gleichung (2):

$$r_2 = r_1(1 + \alpha_{l/r} \cdot \Delta u) \tag{2}$$

und für den Winkel zwischen den Hirnflächen nach dem Schwinden oder Quellen (φ_2)
Gleichung (3):

$$\varphi_2 = \varphi_1 \cdot \frac{1 + \alpha_\ell \cdot \Delta u}{1 + \alpha_{t/r} \cdot \Delta u}.$$ (3)

In den Gleichungen (2) und (3) sind r_1 der Radius einer beliebigen Faser vor dem
Schwinden oder Quellen, $\alpha_{t/r}$ das gewichtete Schwindmaß quer zur Faser bzw. in
globaler radialer Richtung, φ_1 der Winkel, den die Hirnflächen vor dem Schwinden
oder Quellen einschließen und α_ℓ das Schwindmaß in Faserrichtung bzw. in globaler
tangentialer Richtung. Es sind die ingenieurtechnischen Schwind- und Quellmaße in
DIN 1052 (2008) für Schwinden mit negativem und für Quellen mit positivem Vorzeichen einzusetzen. Gleichung (3) ist eine umgekehrte Analogie zu Keylwerths Formel
für die Berechnung der *Abnahme* des Öffnungswinkels ($\varphi_n \rightarrow \varphi_d$) bei Stammschei-
benausschnitten für Schwinden vom nassen zum darrtrockenen Zustand (vgl.
Keylwerth 1944/1945 und auch Larsen und Riberholt 1983).

Die Modellbetrachtungen am statisch unbestimmt und statisch bestimmt gelagerten
Kreisringstück bedeuten für die Praxis: In Zwei-Gelenk-Bogenträgern entstehen infolge von Holzfeuchte-Änderungen Zwangsspannungen und in gekrümmten Bereichen statisch bestimmt gelagerter Träger Winkeländerungen. Diese können dann
wiederum Zwangsspannungen zur Folge haben, wenn sich die Bauteile innerhalb
des Tragwerks nicht frei krümmen können.

Beispiel 1
Die folgende theoretische Berechnung soll zeigen, welche zusätzliche Biegerand-
spannung entsteht, wenn sich die Krümmungszunahme ($\Delta\kappa$) infolge einer konstanten
Holzfeuchte-Abnahme von 5 % im gekrümmten Bereich des in Bild 4-4 halbseitig
dargestellten Satteldachträgers nicht einstellen kann. Für den Radius der Schwerelinie nach dem Schwinden folgt mit Gleichung (2):

$$r_2 = r_1 \cdot (1 + \alpha_{t/r} \cdot \Delta u) = 12{,}6 \cdot (1 - 0{,}0024 \cdot 5) = 12{,}45\,\text{m}.$$

Dem entspricht eine Krümmungszunahme von:

$$\Delta\kappa = \frac{1}{r_2} - \frac{1}{r_1} = \frac{1}{12{,}45} - \frac{1}{12{,}6} = 0{,}964 \cdot 10^{-3}\,\frac{1}{\text{m}}.$$

Wenn diese Krümmungszunahme voll behindert wird, entsteht ein Zwangsmoment in
der Größenordnung (Annahme: Elastizitätsmodul (E) in Faserrichtung von GL24,
Trägheitsmoment 2. Grades (I) und Trägerbreite (b)):

$$\Delta M = \Delta\kappa \cdot EI = 0{,}964 \cdot 10^{-3} \cdot 11600 \cdot \frac{1{,}20^3 \cdot b}{12} = 1{,}61 \cdot b \quad \text{MN}.$$

Unter Vernachlässigung der nichtlinearen Spannungsverteilung in gekrümmten Bereichen entspricht dem Zusatzmoment eine zusätzliche Biegespannung am unteren Rand ($\Delta\sigma_m$) von etwa:

$$\Delta\sigma_m \approx \frac{\Delta M}{W} = \frac{1{,}61 \cdot b \cdot 6}{1{,}20^2 \cdot b} = 6{,}71\,\text{N/mm}^2.$$

Diese fällt vergleichsweise hoch aus, weil bei dieser isolierten Betrachtung Systemnachgiebigkeiten, die z.B. durch Schub- und Längsverformungen bedingt sind, unberücksichtigt bleiben. Nach DIN 1052 (2008) liegen die Querzugspannungen dann in einer Größenordnung von maximal:

$$\sigma_{t,90} = 0{,}25 \cdot \frac{h}{r_1} \cdot \Delta\sigma_m = 0{,}25 \cdot \frac{1{,}20}{12{,}6} \cdot 6{,}71 = 0{,}16\,\text{N/mm}^2.$$

Die Verhältnisse bei wirklichen Tragsystemen sind allerdings weitaus komplizierter: Eine vollständige Krümmungsbehinderung, die bei der Modellbetrachtung angenommen wurde, ist unwahrscheinlich und schließlich müssen Spannungszustände für den Lastfall Holzfeuchte-Änderung mit Zwangskräften im Gleichgewicht stehen. Es ist daher im Lastfall Holzfeuchte-Änderung mit schwer zu fassenden Spannungszuständen und ggf. unzuträglichen Querzugspannungen zu rechnen, wenn die horizontale Verschiebung der Lager von Satteldachträgern in steif eingespannten Stahlbetonstützen oder von Zwei-Gelenk-Bogenbindern nur eingeschränkt möglich ist.

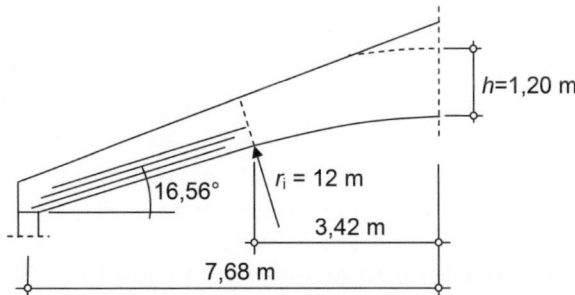

Bild 4-4 Gewählte Trägergeometrie zur Untersuchung der Auswirkungen des Schwindens und der Schwindanisotropie auf die Spannungszustände im gekrümmten Bereich

Ein weiteres Problem ist denkbar, wenn z.B. bei kombinierten Trägern in den Rand- und Kernlamellen systematisch unterschiedliche Schwindmaße in Faserrichtung vorliegen. Da der Aufbau kombinierter Brettschichtholzträger bereits in den 1960er Jahren nutzbringend eingesetzt wurde (Egner 1963) und in DIN 1052-1 (1969) bereits differenziert geregelt war, wäre es grundsätzlich möglich, dass die folgenden Überlegungen mit den in Tabelle 4-4 analysierten Schäden zusammenhängen. Perstorper et al. (2001) und Kliger et al. (2003) zeigten in ihren experimentellen Untersuchungen zum Verformungsverhalten von Kanthölzern infolge Holzfeuchte-Änderungen, dass das Schwindmaß in Faserrichtung und die Rohdichte mit r = -0,62 korreliert sind. Außerdem berichten sie, dass das Schwindmaß in Faserrichtung mit zunehmendem Abstand von der Markröhre, mit abnehmender Jahrringbreite und mit abnehmender Ästigkeit kleiner wird. Für kombiniertes Brettschichtholz bedeutet das ein tendenziell höheres Schwindverhalten in Faserrichtung im Kern- als im Randbereich. Welche Folgen das für einen kombinierten Satteldachträger haben kann, soll die zweite Berechnung deutlich machen.

Beispiel 2

Mit den Steifigkeitskennwerten der Festigkeitsklasse C24 für Randlamellen und C16 für Kernlamellen wurde der gekrümmte Bereich des in Bild 4-4 dargestellten Satteldachträgers untersucht. Den üblichen Lagerungsbedingungen von Satteldachträgern entsprechend wurde das Kreisringstück statisch bestimmt gelagert und mit der Finite-Elemente-Methode berechnet. Es wurden polar-orthotropes Materialverhalten, für die Randlamellen (jeweils äußere h/6) ein Schwindmaß in Faserrichtung von 0,005 %/% und quer dazu von 0,25 %/% und für die Kernlamellen (innere 4h/6) Schwindmaße von 0,01 %/% bzw. 0,30 %/% festgelegt. Die im Rand- und Kernbereich unterschiedlichen Schwindmaße in Faserrichtung, in Anlehnung an die von Perstorper et al. (2001) ermittelten Werte festgelegt, könnten durchaus wirklichkeitsnahe Verhältnisse in kombiniertem Brettschichtholz widerspiegeln. Die Steifigkeitskennwerte der Elemente in der ersten radialen Spalte jeweils neben den Hirnflächen wurden so gewählt, dass Schubverformungen weitgehend blockiert sind. Somit wurde die Modellierung des Satteldachträgers auf den gekrümmten Bereich reduziert. Die Verformung des gekrümmten Bereichs und die entsprechenden Spannungszustände wurden für eine im gekrümmten Bereich konstante Holzfeuchte-Abnahme bzw. Zunahme von 5 % berechnet. In Bild 4-5 ist die verformte Struktur im Vergleich mit der Kontur der unverformten dargestellt. Die infolge Schwindens sich in der gekrümmten Ebene einstellenden symmetrischen Eigenspannungen sind in Bild 4-6 bis Bild 4-8 nur am halben System dargestellt. Darin werden Spannungen in Faserrichtung mit SY, Spannungen quer zur Faser mit SX und Schubspannungen mit SXY gekennzeichnet. Die Einheit ist jeweils N/mm². Die Spannungszustände für SY und SX lassen sich folgendermaßen erklären: Da die Randlamellen weniger schwinden als die Kernlamellen, bauen sich in den Randlamellen Druck- (Bild 4-6, in Blau) und in den Kernlamellen Zugspannungen (Bild 4-6, in Rot) auf. Gekrümmte Druck beanspruchte Bauteile sind bestrebt sich weiter zu krümmen, während Zug beanspruchte gekrümmte Bauteile dazu neigen eine gerade Form anzunehmen. Dieses unterschiedliche, voneinander getrennt betrachtete Verformungsverhalten der Rand- und Kernlamellen steht im Einklang mit den Spannungen quer zur Faser (Bild 4-7): Im oberen Drittel des Kreisringstücks herrschen Zugspannungen und im unteren Drittel Druckspannungen. Die Ausprägung der Schubspannungen in Bild 4-8 – nur im gekrümmten Bereich – ist erwartungsgemäß: Die Größe der Spannungen ist vergleichsweise klein.

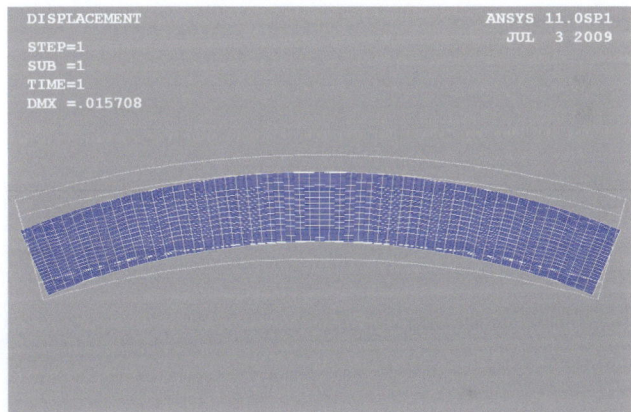

Bild 4-5   Unverformte und verformte Struktur (Netz) des gekrümmten Trägerbereichs; die weißen Kreisbögen im Inneren kennzeichnen die C24-C16-Klassengrenze bzw. die Grenze zwischen den unterschiedlichen Schwindmaßen in Faserrichtung

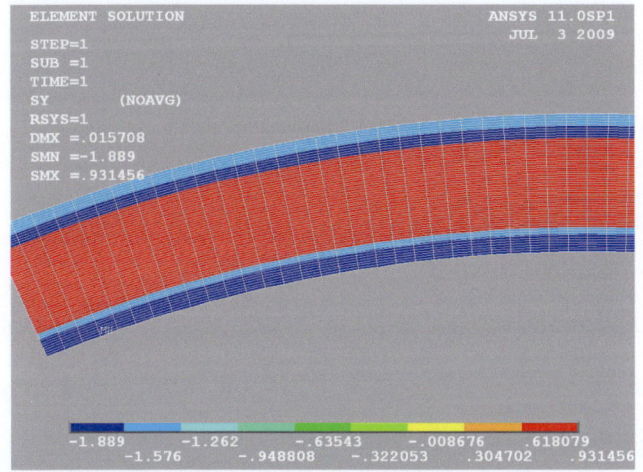

Bild 4-6   Spannungen SY in globaler tangentialer Richtung

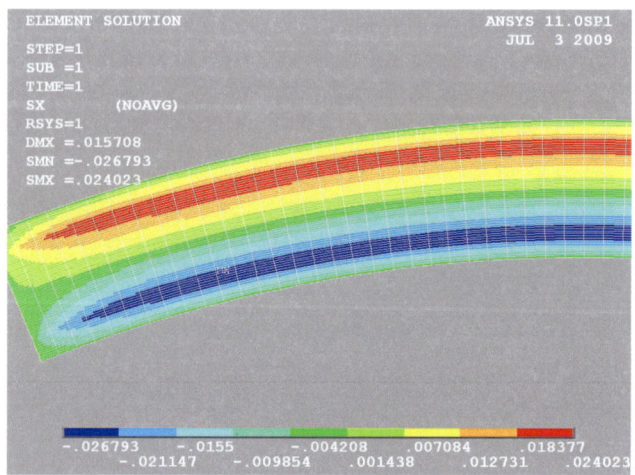

Bild 4-7   Spannungen *SX* in globaler radialer Richtung

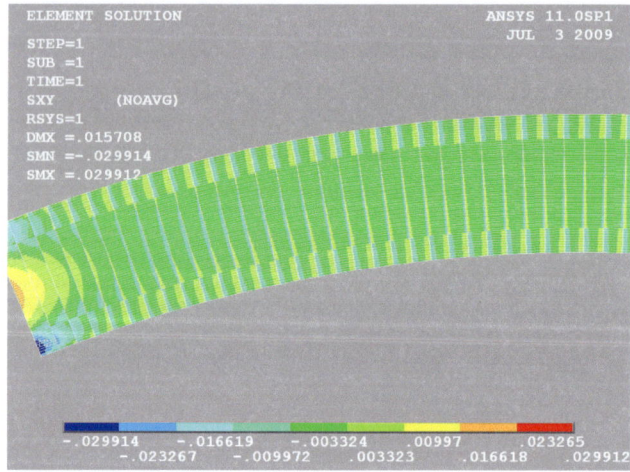

Bild 4-8   Schubspannungen *SXY*

In Bild 4-7 kann als maximale Querzugspannung ($\sigma_{t,90,max}$) der Wert 0,024 N/mm² festgelegt werden. Mit dem Teilsicherheitsbeiwert (γ_M) von 1,5 für Einwirkungen aus Zwang und dem Modifikationsbeiwert (k_{mod}) von 0,6 für ständige Einwirkungen folgt:

$$\left.\begin{aligned}\sigma_{t,90,d} &= \gamma_F \cdot \sigma_{t,90,max} \approx 1,5 \cdot 0,024 = 0,036 \text{ N/mm}^2 \\ f_{t,90,d} &\approx \frac{k_{mod} \cdot f_{t,90,k}}{\gamma_M} = \frac{0,6 \cdot 0,5}{1,3} = 0,23 \text{ N/mm}^2\end{aligned}\right\} \quad \frac{\sigma_{t,90,d}}{f_{t,90,d}} \cdot 100 = 16\,\% \qquad (4)$$

Die Berechnung (4) zeigt, dass der Lastfall Holzfeuchte-Abnahme, $\Delta u = -5\ \%$, mit der Folge von Schwinden zu Bemessungswerten der Querzugspannungen ($\sigma_{t,90,d}$) führt, die etwa 1/6 der Festigkeiten betragen und daher nicht mehr vernachlässigt werden können. Beim Lastfall Holzfeuchte-Zunahme, $\Delta u = +5\ \%$, mit der Folge von Quellen kehren sich in Bild 4-6 bis Bild 4-8 die Vorzeichen der Spannungen lediglich um. Quellen ist damit ebenso kritisch wie Schwinden. Numerische Ergebnisse hinsichtlich des Quellens und die ausgeprägte Querzugproblematik auch bei Satteldachträgern in Reithallen, die i. d. R. Holzfeuchten von deutlich über 12 % aufweisen (vgl. Abschnitt 3.2.2), würden sich also nicht widersprechen.

Mit den Modellbetrachtungen und den beiden Beispielen des analytisch und numerisch berechneten Kreisringstücks sollen zunächst die Wechselwirkung zwischen Holzfeuchte-Änderungen und der Schwindungs- und Quellungsanisotropie in der gekrümmten Ebene von Brettschichtholz und weitere mögliche Gründe für die bis heute andauernde Querzugproblematik bei Satteldachträgern aufgezeigt werden. Für genauere Kenntnisse von den wahren Spannungszuständen sind noch gezielte numerische Untersuchungen notwendig. Einige offene Fragen betreffen den Einfluss der Modellbildung (z.B. Feuchtegefälle in der Brettschichtholzebene beim Schwinden/Quellen), von zufällig streuenden und von stark streuenden Schwindmaßen (z.B. Brettchargen mit Druckholz), von unterschiedlichen Trägerformen (z.B. gerade kombinierte Träger, kombinierte Fischbauchträger) und den Einfluss der Relaxation jeweils auf die Spannungszustände und auf die Ausprägung der Spannungen. Ggf. sind auch experimentelle Untersuchungen an gekrümmten Bauteilen erforderlich.

4.3 Die Versagenswahrscheinlichkeit des Ein- und Zweifeldträgers

Die Datensammlung enthält keinen Schadensfall, der den folgenden Bedingungen genügt: gerader Zwei- oder Dreifeldträger, statisch unbestimmt, Zug- oder Schubbruch über einem mittleren Auflager. In der Datensammlung vorhanden sind zwei Schub- und drei Zugbrüche im Bereich von mittleren Auflagern bei Gerberträgern. Bei vier dieser fünf Fälle besaßen die Träger nachweislich Vouten über den mittleren Auflagern. Die Schadensursachen bei allen fünf Fällen waren Planungs- und Ausführungsfehler sowie Überlastungen (Wassersack) und mangelnde Materialqualität. (Prof. Möhler berichtet bei einem von ihm begutachteten Schadensfall, dass die besonderen im Voutenbereich vorliegenden Spannungsverhältnisse nicht erfasst worden seien.) Nach heutigen Erkenntnissen ist gesichert, dass im Vergleich mit statisch bestimmten Einfeldträgern vor allem die statisch unbestimmten geraden Zwei- oder Dreifeldträger ohne Vouten über eine systembedingte höhere Sicherheit verfügen. Diese macht sie sehr wahrscheinlich in der Schadenssammlung unauffällig. Gründe hierfür liegen u. a. in der Ausrundung der rechnerischen Momentenspitze über den Innenstützen (vgl. DIN 1052-1 1969, DIN 1052-1 1988), in der statischen Unbestimmtheit und damit in dem Vermögen zur Lastumlagerung (vgl. DIN 1052 2008) sowie in der nur punktuellen Beanspruchung mit Biegespannungsspitzen über den mittleren Auflagern (z.B. Colling 1986, Isaksson 2003). Darüber hinaus können solche Träger ohne größere Eingriffe und handwerkliche Veränderungen als Tragsystem verbaut werden, was sich positiv auf die Fehleranfälligkeit hinsichtlich der Ausführung auswirkt.

Unabhängig von theoretischen Überlegungen zum Volumeneinfluss oder zur Belastungskonfiguration, die zumeist auf der Theorie von Weibull beruhen, wird hier mit einem Rechenmodell zur Ermittlung der Biegetragfähigkeit von Brettschichtholzträgern (vgl. Blaß et al. 2009) die Biegefestigkeit des Zweifeldträgers im Vergleich mit der Biegefestigkeit des Einfeldträgers ermittelt. Das Rechenmodell wurde eigens für diese Aufgabe modifiziert, um Zweifeldträger zu simulieren und zu berechnen. In Bild 4-9 sind die beiden simulierten Tragsysteme, die Lastbilder und die entsprechenden Momentenverläufe, maßstäblich, dargestellt: Der Einfeldträger wird gemäß EN 408 (1995) belastet und der Zweifeldträger sinngemäß; im Lastfall Volllast sind beim Einfeldträger das Feldmoment (M_1) und beim Zweifeldträger das Stützmoment (M_2), jeweils berechnet nach der technischen Biegelehre, bemessungsrelevant. Bei beiden Tragsystemen wurde daher die simulierte Biegefestigkeit aus M_1/W bzw. M_2/W berechnet, nachdem vom Rechenmodell ein Zugversagen in den oberen (nur beim Zweifeldträger) oder unteren Randlamellen (bei beiden Systemen) registriert wurde. Diese Versagenskriterien sind konservativ, weil sie darauf beruhen, dass nach dem Zugversagen einer Randlamelle keine weitere Laststeigerung mehr möglich ist. Dass darüber hinaus beim Zweifeldträger das Vermögen zur Lastumlagerung zusätzlich erhöhend wirken kann, wird dadurch also noch nicht berücksichtigt.

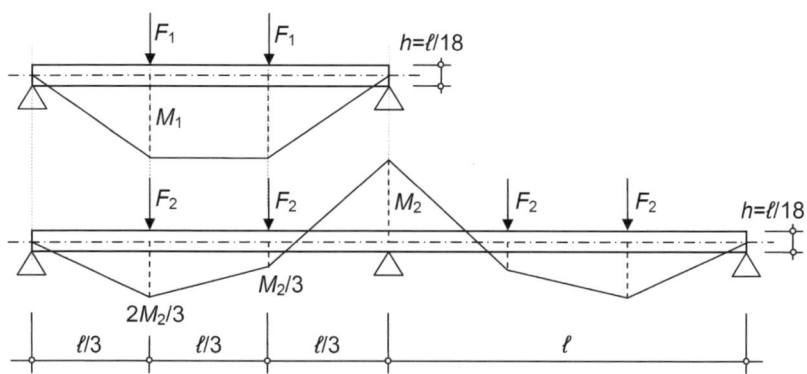

Bild 4-9   Belastung und Momentenverlauf der simulierten Tragsysteme: (oben) Einfeldträger und (unten) an EN 408 angepasster Zweifeldträger

Es wurden für 600 mm hohe Einfeld- und Zweifeldträger jeweils 1000 Trägersimulationen durchgeführt. Die Keilzinkenfestigkeiten wurden dabei so festgelegt, dass sich beim Einfeldträger bei neun unterschiedlichen Sortierverfahren für simulierte Bretter (Tabelle 4-5) charakteristische Biegefestigkeiten zwischen 22 und 39 N/mm² einstellen. Damit ist die Spanne der Nennwerte von GL24 bis GL36 abgedeckt. Dass dabei die Nennwerte, 24, 28, 32 und 36 N/mm², bei den Simulationen nicht zwingend getroffen werden, hängt von der Wahl der Keilzinkenfestigkeit ab und ist außerdem auch zufallsbedingt. Weitere Details zu den simulierten Sortierverfahren finden sich bei Blaß et al. (2009). In Bild A-15 bis Bild A-23 sind die Verteilungen der simulierten Biegefestigkeiten für beide Tragsysteme übereinander dargestellt. In beiden Diagrammen sind – unten nur als Basiswert – die 5%-Quantile der Biegefestigkeit für den Einfeldträger mit horizontalen Hilfslinien eingezeichnet, in den unteren Diagrammen nur die 5%-Quantile der Biegefestigkeit für den Zweifeldträger. Eine Erweiterung vom Ein- zum statisch unbestimmten Zweifeldträger bewirkt beim Zweifeldträger eine Zunahme der charakteristischen Biegefestigkeit zwischen 20 und 30 %. In Bild 4-10 ist der Zusammenhang zwischen den simulierten charakteristischen Biegefestigkeiten dargestellt. Die lineare Regressionsgerade entspricht nahezu der Beziehung (5).

$$f_{m,g,k(Zweifeld)} = 1{,}25 \cdot f_{m,g,k(Einfeld)} \tag{5}$$

Die Größenordnung des Faktors in der Beziehung (5) deckt sich grundsätzlich mit theoretischen Lösungen von z.B. Colling (1986) und Isaksson (2003). Colling gibt einen Faktor von 1,37 für den Vergleich zwischen einem statisch bestimmt und einem 1fach statisch unbestimmt (einseitig eingespannt) gelagerten Einfeldträger unter Gleichstreckenlast an.

Tabelle 4-5   Sortierverfahren und charakteristische Brett-Zugfestigkeit

Bezeichnung der Sortierung	Verfahren	Charakteristische Brett-Zugfestigkeit [N/mm²]
VIS-1	Visuell in S10	13,3
VIS-2	Visuell in S10 und S13	14,4
VIS-3	Visuell in S13	21,3
RHO-1	Maschinell nach Rohdichte und	23,4
RHO-2	Ästigkeit	24,6
EDYN-1		26,7
EDYN-2	Maschinell nach Elastizitätsmodul	29,0
EDYN-3	und Ästigkeit	33,0
EDYN-4		34,6

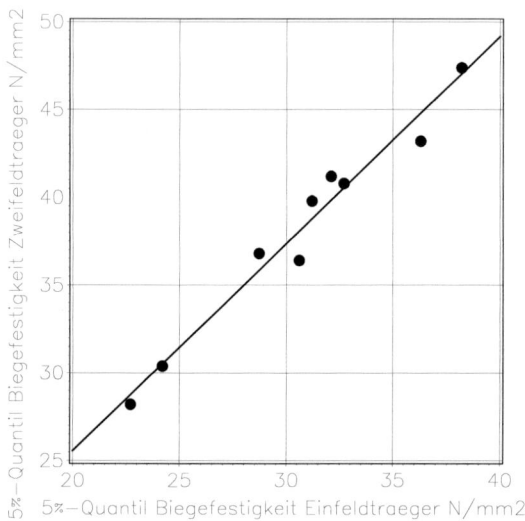

Bild 4-10   Simulierte charakteristische Biegefestigkeiten, Zwei- und Einfeldträger

Durch den einseitig eingespannten Einfeldträger wird nur eine Hälfte, aber nicht der vollständige Zweifeldträger ersatzweise modelliert. Entsprechend kleiner fällt die Versagenswahrscheinlichkeit des einseitig eingespannten Einfeldträgers aus. Das könnte dann den Unterschied zwischen dem Faktor 1,37 und 1,25 erklären. Isaksson gibt einen Faktor von 1,22 für den Vergleich zwischen einem statisch bestimmt gelagerten Einfeldträger mit zwei Einzellasten in den Drittelspunkten und einem statisch bestimmt gelagerten Einfeldträger mit einer Einzellast in Feldmitte an, mit dem der Bereich zwischen den Momenten-Nullpunkten beim Zweifeldträger vergleichsweise zutreffend modelliert wird. Der geringfügig kleinere Wert des Faktors 1,22 im Vergleich mit 1,25 könnte damit erklärt werden, dass beim Zweifeldträger der Abstand zwischen den Momenten-Nullpunkten deutlich kleiner ist als die Stützweite. Isakssons Vergleichssysteme hingegen haben jeweils gleiche Stützweiten und entsprechend höher fällt dann die Versagenswahrscheinlichkeit des Einfeldträgers mit einer Einzellast in Feldmitte aus.

Eine Bemessung des Zweifeldträgers mit der charakteristischen Biegefestigkeit, die sich ursprünglich vom Biegeversuch am Einfeldträger ableitet, entspricht einer Bemessung mit dem 1%-Quantil (siehe horizontale Hilfslinien für die Basiswerte in den unteren Diagrammen in Bild A-15 bis Bild A-23). Die numerische Untersuchung belegt damit unabhängig von theoretischen Ansätzen, dass die höhere Biegefestigkeit bzw. die Sicherheitsreserve beim Zweifeldträger im Vergleich mit dem Einfeldträger vor allem durch die kleinere Wahrscheinlichkeit bedingt ist, dass in der Zugzone über dem mittleren Auflager Schwachstellen mit der Momentenspitze zusammentreffen.

Beim Einfeldträger erstreckt sich der Bereich des maximalen Biegemoments immerhin über ein Drittel der Stützweite und ist damit um ein Vielfaches größer.

Bild 4-11   Gelenkstabzug mit unterspannten Brettschichtholzträgern; zusätzlich zum günstigen Tragverhalten des Zweifeldträgers wirkt sich die halbquadratische Interaktion bei Biegung und Druck positiv auf die Bemessung aus

Für die Praxis kann das bedeuten, dass Tragsysteme, deren Tragwirkung durch statisch unbestimmte Zweifeldträger mitbegründet ist (vgl. Bild 4-11), aus zwei Gründen attraktiver sind oder werden: Sie verfügen über eine höhere Zuverlässigkeit hinsichtlich der Biegetragfähigkeit oder können wirtschaftlicher gestaltet werden, wenn ihre Versagenswahrscheinlichkeit dem Einfeldträger angepasst und damit die charakteristische Biegefestigkeit über das derzeitig gültige Maß von 110 % angehoben wird. In diesem Fall sollten die numerischen Ergebnisse noch experimentell abgesichert werden.

4.4   Schäden infolge verzögert gewonnener Erfahrungen

Beim Studium der Schadensbeschreibungen sind gelegentlich Hinweise anzutreffen, die die Sorge zum Ausdruck bringen, dass eine offene Auseinandersetzung mit Schäden, vor allem bei Tragwerken aus Brettschichtholz, wirtschaftliche Nachteile für den entsprechenden Industriezweig nach sich ziehen könnte. Es gibt konkrete Hinweise, dass nach Schadensereignissen Rückschläge für die Brettschichtholz-Industrie befürchtet wurden, zumal sie im Vergleich mit Stahl und Beton eine junge und ab den 1950er Jahren aufstrebende Industrie war (vgl. Bild 4-12).

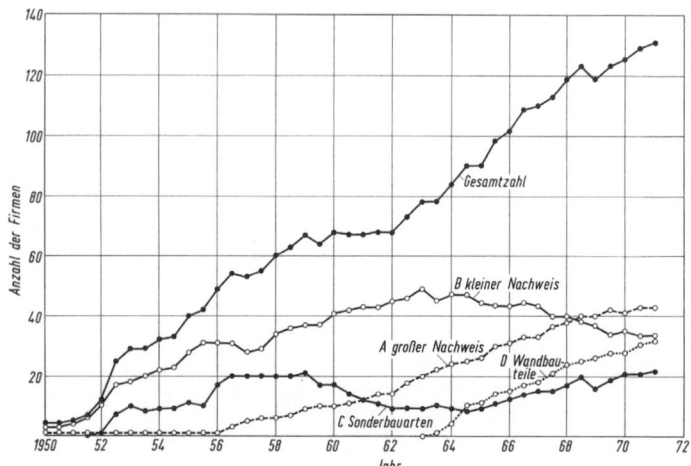

Bild 1   Firmen, die ihre Eignung zum Leimen tragender Holzbauteile nachgewiesen haben.
Entwicklung von 1950 bis 1970

Bild 4-12   Diagramm, entnommen aus Egner und Kolb (1974)

Problemloses Bauen

Bauen mit Holz. Ideenreiche Architekten haben
das erkannt und nützen die vorteilhaften Eigenschaften und vielseitigen Einsatzmöglichkeiten
des Holzleimbaus.
Große Spannweiten – kein Problem. Haltbar-
keit – hervorragend. Brandverhalten – hohe
Widerstandsdauer. Rentabilität – sehr gut.
▬▬▬▬▬ Holzleimbau mit amtlicher Güte-
sicherung: Die gute Lösung für den Bau von
Lager- und Produktionshallen, Sport- und Mehr-
zweckhallen, in jeder Größe und Ausstattung.
Formbeständig, dekorativ, absolut wartungsfrei, günstig im Preis.

Fragen Sie uns. Wir beraten Sie ausführlich.

Bild 4-13   Firmenwerbung für Brettschichtholz-Hallentragwerke (1970er Jahre)

Solche Hinweise lassen sich nicht in geeigneter Form in einer Datensammlung als Merkmal erfassen, schon gar nicht im Zusammenhang mit einem konkreten Schadensfall. Dass aber eine aus diesen Hinweisen ablesbare Haltung im Zusammenhang mit Schadensvermeidungen und einer schnellen Erarbeitung von Konsequenzen hemmend wirkt, sollte nicht unterschätzt werden. Sie mag sogar ursächlich mitverantwortlich sein für die Verzögerung bei der Vermeidung von spezifischen Schäden. In wenigen Einzelfällen spielt auch eine vergleichsweise unkritische Haltung eigenen Produkten gegenüber eine wichtige Rolle. Auch diese und ihre Ausprägung ließe sich nicht in einem Datensatz entsprechend darstellen. Dass aus heutiger und auch schon damaliger Sicht in Einzelfällen die Leistungsfähigkeit eigener Produkte überschätzt wurde, soll aus der Anzeige in Bild 4-13 deutlich werden. Sie wurde in einem führenden technischen Handbuch des Ingenieurholzbaus abgedruckt.

4.5   Einsturz der Eissporthalle in Bad Reichenhall

Durch die Katastrophe nach dem Einsturz der Eissporthalle im Januar 2006 in Bad Reichenhall wurde folgerichtig die Überprüfung etlicher Eissporthallen im Bundesgebiet ausgelöst, weil die Einsturzursache u. a. in einem systemischen Zusammenhang mit der Nutzung als Eissporthalle gesehen wurde. Der Zeitpunkt der Überprüfungsmaßnahme weiterer Eissporthallen wurde damit abhängig vom Eintritt des tragischen Ereignisses.

Die Auswertung von Initialschäden in Eissporthallen, die vor Januar 2006 aktenkundig wurden, zeigt, dass Auffälligkeiten in Eissporthallen nicht gänzlich neu sind: Es gibt zu unterschiedlichen Eissporthallen Meldungen z.B. aus den Jahren 1981 („Starke Rissbildung wegen hoher Feuchte im Winter"), 1982 („Binder gebrochen"), 1993 („unzulässig hohe Holzfeuchten von über 20 %"), 1998 („Kondenswasserbildung an der Konstruktion, wenn das Eis in der Fläche gemacht wird"), 2003 („Algenbelag, Tauwasserperlen"; diese Halle wurde 2003 abgerissen) und 2005 („die klimatische Belastung infolge Hallenbetrieb hat immer wieder zu einer extremen Befeuchtung auf den Seitenflächen der Träger geführt"; bei dieser Halle kam es im September 2005 zu einem Bruch eines 41 m weit gespannten Brettschichtholzträgers).

Marquardt und Mainka (2008) berichten u. a. von Feuchteschäden und Schimmelbildung, die 1981 am Dach der 1978 fertig gestellten hölzernen Eissporthalle in Hannover eintraten. Sogar bei einem Neubau einer Eissporthalle (Bild 4-14) aus dem Jahre 2006 stellten sich im Zeitraum bis zum Einbau der raumlufttechnischen Anlage auffällige Verfärbungen an den Trägerflanken der Satteldachbinder ein.

Auch gibt es im älteren Schrifttum Hinweise zur besonderen klimatischen Situation in Eissporthallen und zu entsprechenden raumlufttechnischen Maßnahmen. Ruske (1977) berichtet, beim Eisstadion am Rheinlanddamm in Dortmund sei Holz als Baustoff bevorzugt worden, weil Erfahrungen mit Eisbahnüberdachungen in Stahl gezeigt hätten, dass durch die Klimaverhältnisse unter der Dacheindeckung kondensiertes

Wasser von der Stahloberfläche auf die Eisbahn tropfe und dass durch Kondenswasser Rost entstehe. Es sei außerdem eine Wärmedämmung des Dachaufbaus vorgesehen worden, die die Erwärmung der Eisbahn verhindern solle. Für die Hutschenreuther-Eissporthalle in Selb/Oberfranken war eine Be- und Entlüftungsanlage zur Beheizung der Halle mit warmer Luft vorgesehen (Bauen mit Holz 8/1979:396-399). Lips-Ambs (1980) berichtet von einer Wärmeisolierung bei der Eiskunstlaufhalle in Oberstdorf/Allgäu zur Bewältigung der komplizierten Klimaverhältnisse (innen warm, außen kalt oder im Sommer umgekehrt). In das Dachtragwerk der Eissporthalle in Aschaffenburg wurde eine Klima- und Entlüftungsanlage integriert (Lips-Ambs 1982). Im Fachbeitrag (Bauen mit Holz, 9/1970:426-429) über das Eislaufstadion Freiburg wird noch die Vorstellung mitgeteilt, Holz könne den ständigen Wechsel des Luftfeuchtigkeitsgehalts atmend ausgleichen und korrigieren. Durch moderne Imprägnierungsbehandlungen, heißt es, sei Holz praktisch unbegrenzt haltbar und wartungsfrei. Dass man sich von dieser Vorstellung beim Bau von Eissporthallen in den Folgejahren verabschieden musste, wird aus den obigen Darstellungen mehr als deutlich.

Schließlich ist in DIN 18036-1 (1980) bzw. DIN 18036 (1992), Anlagen für den Eissport mit Kunsteisflächen – Grundlagen für Bau und Planung, gefordert, dass die Oberflächentemperatur von Tragkonstruktionen und Decken in geschlossenen Eissporthallen über dem Taupunkt der Raumluft liegen müsse und dass Decken von offenen Eissporthallen und die mit ihr verbundenen Einbauten so auszubilden seien, dass sie einer Kondensatbildung in Tropfenform entgegenwirken würden. Dies sollte Unebenheiten auf der Eisfläche durch gefrierendes Wasser verhindern. Die in DIN 18036-1 (1980) angegebene Empfehlung, für die Tragkonstruktion und Decke raue Materialien wegen ihres günstigeren Feuchtigkeitsverhaltens zu verwenden, ist in der Ausgabe von 1992 nicht mehr vorhanden. Welche Baustoffe unter „rauen Materialien" genau zu verstehen sind, konnte beim Deutschen Institut für Normung nicht mehr in Erfahrung gebracht werden. Aus DIN 18036-1 (1980) bzw. DIN 18036 (1992) ließ sich also die Tatsache bzw. die Gefahr einer möglichen Kondensatbildung in Tropfenform an Tragkonstruktion und Decke ablesen. Ergänzend zu den Regelungen über Leime in DIN 1052-1 (1969) war über die Verwendung von Harnstoffharzleimen Mitte der 1970er Jahre bekannt (Egner und Kolb 1974), dass Harnstoffharzleime als typische Vertreter der Innenleime auch bei der Verbauung unter Dach dann nicht verwendet werden dürften, wenn mit hohen Temperaturen oder hohen relativen Luftfeuchtigkeiten oder mit beidem über längere Zeiträume zu rechnen sei. Insbesondere müsse Wasserkondensation vermieden werden. Weiter wird auf Fehlverleimungen hingewiesen z.B. bei Harnstoffharzleim in Räumen mit stark wechselndem oder extremem Klima.

Eine Verknüpfung zwischen den Beobachtungen in Eissporthallen und den beiden Informationen in fachspezifischen Normen und technischer Literatur (Vermeidung von Kondensatbildung hinsichtlich der Anforderung an die Gebrauchstauglichkeit der

Eisfläche und Feuchteempfindlichkeit des Harnstoffharz-Klebstoffes) fand offensichtlich nicht statt. Grundsätzlich hätte mit einer solchen Verknüpfung ein Gefahrenpotenzial – infolge der Wechselwirkung zwischen ungeeignetem Klebstoff und erhöhter Feuchteanreicherung aufgrund von Kondensatbildung – beim Brettschichtholz erkannt werden können.

Bild 4-14   Blick in eine offene Eissporthalle; Verfärbung der 2006 hergestellten Brettschichtholzträger, die sich bis zum Zeitpunkt des Einbaus der raumlufttechnischen Anlage einstellte; Datum der Aufnahme Juni 2009

5 Zusammenfassung

5.1 Statistik

Für diese Schadensanalyse wurden etliche Beschreibungen von Schäden an Hallentragwerken aus Holz, vor allem in Form von Gutachten, Berichten und Meldungen, gesammelt. Mit den Informationen in diesen Unterlagen wurde eine Datenbank angelegt, in der relevante Daten zu Schäden an Hallentragwerken aus Holz gespeichert sind. Der Speicherung liegt eine strenge inhaltliche Gliederung zu Grunde: Ein Schadensfall wird mithilfe von Parametern beschrieben, für deren Belegung feststehende Schlagwörter definiert wurden. Das ist die Basis für ein neu entwickeltes System, mit dem diese Daten dargestellt und Forschungsfragen beantwortet werden können. Es ist gezielt so angelegt, dass in der Struktur Erweiterungen einfach möglich sind und in Zukunft weitere Schadensfälle aufgenommen und analysiert werden können.

Anhand der Auswertung von 550 Schadensfällen in insgesamt 428 Hallentragwerken sind folgende Ergebnisse festzustellen: Das Baujahr der geschädigten Hallen reicht von 1912 bis 2006. Ihre Standorte, fast ausschließlich in den alten Bundesländern Deutschlands, sind weit und dicht gestreut. Besonders häufig sind Sport-, Lager- und Produktionshallen von Schäden betroffen. In der Hauptsache werden Schäden an biegebeanspruchten Ein- und Mehrfeldträgern sowie Rahmen beobachtet. In den meisten Fällen bestehen diese aus Brettschichtholz der Güteklassen I, II und der Brettschichtholzklasse BS14. Das Brettschichtholz wurde von über 39 namentlich unterschiedlichen Herstellern produziert. Schadenshäufungen im Zusammenhang mit bestimmten Herstellern sind mit Sicherheit auszuschließen.

70 % der Schäden sind Risse in Faserrichtung. Schubbrüche, Fäule und Zugbrüche machen jeweils etwa 5 % der Schäden aus. Die übrigen 15 % betreffen die Gebrauchstauglichkeit sowie das Aussehen und stehen damit nicht im Zusammenhang mit der Standsicherheit. Den gutachtlichen Bewertungen zufolge ist die Standsicherheit von einem Viertel der untersuchten Bauwerke oder Bauteile gefährdet. Bei einem weiteren Viertel waren Einstürze und Versagen zu beklagen. Bei einem knappen Viertel ist die Standsicherheit gewährleistet. Für den Rest lagen keine Angaben vor. Es gibt klare Anzeichen für eine Häufung der Schadensereignisse in den Monaten Januar bis März. Schäden aufgrund von Holz zerstörenden Pilzen sind rückläufig; diese positive Tendenz steht sehr wahrscheinlich im Zusammenhang mit der erfolgreichen Aufklärungsarbeit zum baulichen Holzschutz.

In der Hauptsache werden Schäden im Zusammenhang mit Konstruktionen gesehen, bei denen vor allem Querzugspannungen auftreten. Weiter sind Klimawechsel von großer Bedeutung für Risse in Faserrichtung. Von mäßiger Bedeutung sind richtungsabhängiges Schwinden oder Quellen ganzer Querschnitte und Fehlerquellen bezüglich der Belastung, Materialqualität, Planung, Bauphysik und Ausführung. Eine untergeordnete Rolle spielen ungünstige Einflüsse aus Montage, Feuchtigkeit und Instandhaltung. Dass Insekten einen schädlichen Einfluss auf Bauteile ausgeübt hätten, ist in keinem Fall der hier ausgewerteten Schadenssammlung dokumentiert.

5.2 Konsequenzen

5.2.1 Im allgemeinen Zusammenhang

Die Beachtung der folgenden Punkte kann Schäden vorbeugen:
- Viele Ursachen für Schäden haben ihren Ursprung in der Planung und stehen sehr häufig im Zusammenhang mit der Konstruktion, der bezüglich Entwurf, Berechnung und Detaillierung zu wenig Aufmerksamkeit geschenkt wurde. Dem kann mit einer Verbesserung der Qualität von Ausbildung, von Planung und auch von Normung begegnet werden (vgl. Scheer 2000 und 2001).
- Beim Entwurf von Holzkonstruktionen sollten planmäßige Querzugspannungen möglichst vermieden werden.
- Die Holzfeuchte von Brettschichtholz für beheizte Gebäude sollte der späteren über das Jahr geschätzten Feuchte angepasst werden, i.d.R. 8 bis 12 %.
- Klimawechsel (z.B. die periodische Veränderung der relativen Luftfeuchte) sind für Bauteile aus Brettschichtholz ein grundsätzliches Problem. Da sie nicht vermeidbar sind, sollte darauf geachtet werden, dass nicht noch weitere ungünstige Einflüsse wie direkte Sonneneinstrahlung oder rechnerisch nicht berücksichtigte Querzugspannungen damit überlagert werden.
- Extreme Temperaturbelastungen, z.B. in Backstuben, Ziegeleien usw., stellen ein erhöhtes Risiko für Risseschäden in Brettschichtholz dar. Die Verwendung von Brettschichtholz bei extremer Temperaturbelastung sollte daher im Einzelfall kritisch geprüft werden.
- Das Schwinden und Quellen als physikalische Gesetzmäßigkeit des Holzes sollte während des gesamten Prozesses von der Planung bis zur Nutzung des Bauwerks mehr Beachtung finden. Das betrifft vor allem Bauteilbereiche, in denen das freie Schwinden oder Quellen konstruktionsbedingt behindert ist.
- Es kann sinnvoll sein den Lastfall Holzfeuchte-Änderung mit der Folge von orthotropem Schwinden oder Quellen in der Trägerebene gekrümmter Strukturen aus Brettschichtholz z.B. mit Finite-Elemente-Berechnungen zu untersuchen, um bestmögliche Kenntnisse von Verformungen und Spannungszuständen zu gewinnen.
- Tragende Bauteile sollten so geplant werden, dass sie für Inspektionen und Wartungsarbeiten stets gut zugänglich sind. Die Nachrüstung von Revisionsöffnungen kann zweckmäßig sein.

- Hinsichtlich der Witterungseinflüsse bei Transport und Montage kann für Leimbinder ein Oberflächenschutzsystem sinnvoll sein.

- Als Frühwarnsystem zur Vermeidung von Schäden können insbesondere bei baulichen Anlagen mit großen Spannweiten permanent tätige Überwachungssysteme in Betracht kommen.

- Zu hohe Schneebelastungen können zu Schäden an Dach und Tragstruktur führen. Ist die dem Standsicherheitsnachweis zu Grunde liegende Schneelast erreicht, ist ein Dach zu räumen.

- Brettschichtholz sollte grundsätzlich in seinem ganzheitlichen Zusammenhang, der durch Festigkeitssortierung, Herstellung, Transport, Montage, Planung und Konstruktion sowie holzphysikalische Gegebenheiten gekennzeichnet ist, gesehen werden. Diese Zusammengehörigkeit begründet vernetztes Handeln und die Sicht der eigenen Arbeit im Gesamtzusammenhang, bei jedem einzelnen am Bau Beteiligten.

- Die vorangehende Forderung nach ganzheitlicher Sicht, deren Bedeutung mittels der Schadensanalyse nur für Brettschichtholz belegbar ist, ist grundsätzlich auch auf andere Bereiche, die durch ihre verwendeten Bauprodukte oder typischen Bauarten gekennzeichnet sind, übertragbar. Ein weiterer Bereich ist die Nagelplattenbauweise. Hier muss zur Vermeidung von Schäden die Montage durch solche Fachleute erfolgen, die mit den statischen Hintergründen, insbesondere mit dem räumlichen Kraftfluss der Aussteifungs- und Windlasten und den entsprechenden konstruktiven Maßnahmen rundum vertraut sind. Ggf. ist auch der spätere Einbau haustechnischer Anlagen im Dachraum der Nagelplattenbinder in Absprache mit diesen Fachleuten durchzuführen (Fritzen 2002, Hinkes 2005 und Fritzen 2007).

5.2.2 Im bauaufsichtlichen Zusammenhang

In Übereinstimmung mit neueren Erkenntnissen über die charakteristische Biegefestigkeit von Brettschichtholz (Blaß et. al 2009) sind die Anforderungen an Brett- und Keilzinkenfestigkeiten bei Brettschichtholz anzuheben, um die Versagenswahrscheinlichkeit biegebeanspruchter Bauteile entsprechend zu reduzieren. Über 25 (Biege-)Zugbrüche, hauptsächlich bei Brettschichtholz, sind in dieser Schadenssammlung aktenkundig.

Rückblickende Betrachtungen hinsichtlich der Auswirkungen der neuen Schneelastnorm, hinsichtlich der Querzugproblematik bei Satteldachträgern und des Einsturzes der Eissporthalle in Bad Reichenhall belegen, dass eine Schadenssammlung und ihre Auswertung die Grundlage bieten, Konsequenzen mit bauaufsichtlichem Hintergrund zu benennen. Es konnte im Einzelnen gezeigt werden:

Bei Hallen, für die heute nach DIN 1055-5 (2005) eine um 25 % effektiv höhere Schneelast anzusetzen wäre, gab es in der Vergangenheit doppelt so häufig Formen des Versagens und Einsturzes als bei allen hier untersuchten Hallen; diese Beobachtung spricht rückwirkend für die baurechtliche Einführung der neuen Schneelastnorm DIN 1055-5 (2005).

Die bis heute auffällig ausgeprägte Querzugproblematik bei Satteldachträgern führte schließlich zu der Überlegung, dass die Wechselwirkung zwischen Holzfeuchte-Änderungen und der Schwindungs- und Quellungsanisotropie in der Ebene gekrümmter Brettschichtholz-Trägerbereiche schädliche Querzug- und Schubspannungen zur Folge haben kann. Vor allem Zwangsspannungen infolge behinderter Verformungen und Eigenspannungen beim Schwinden oder Quellen kombiniert aufgebauter Brettschichtholzträger sind hier denkbar. Solche Effekte werden bislang nicht bei der Bemessung berücksichtigt. Ob und wie sie ggf. normativ zu berücksichtigen sind, muss erörtert werden.

Zum einen waren seit den 1970er Jahren Erkenntnisse über die nachteilige Verwendung von Harnstoffharzklebstoffen bei Feuchteanreicherung an den Brettschichtholzbauteilen allgemein zugänglich, zum anderen ließ sich in DIN 18036-1 (1980) (hinsichtlich der Vermeidung von Unebenheiten auf der Eisfläche durch abtropfendes und gefrierendes Kondenswasser) die Gefahr der Feuchteanreicherung an der Tragkonstruktion und der Decke von Eissporthallen ablesen; in einigen Eissporthallen wurde eine Feuchteanreicherung an tragenden Bauteilen aus Brettschichtholz infolge Kondensation tatsächlich beobachtet. Die Verknüpfung dieser beiden Informationen, die aufgrund der technischen Sachlage und der Datenlage dieser Schadensanalyse nahe liegend ist, fand im Hinblick auf die Benennung des Gefahrenpotenzials, das von mit Harnstoffharzklebstoffen hergestelltem Brettschichtholz in Eissporthallen ausgehen kann, offensichtlich nicht statt. Die nach dem Einsturz bauaufsichtlich angeordnete bundesweite Überprüfung hölzerner Eissporthallen stellt – auch angesichts der Ergebnisse dieser Schadensanalyse – nach wie vor diesbezüglich den entscheidenden bauaufsichtlichen Handlungsbedarf dar. Die gegenwärtige Datenlage dieser Schadensanalyse gibt keine Hinweise darauf, dass darüber hinaus bauaufsichtlicher Handlungsbedarf (z.B. im Sinne von gezielten Überprüfungen) hinsichtlich der Verwendung von Brettschichtholz in Hallen mit erhöhter Feuchtebelastung besteht.

5.2.3 Im Zusammenhang mit Forschung

Aufgrund der Ergebnisse der Schadensanalyse wird in folgenden Punkten Forschungsbedarf gesehen:

• Die Wechselwirkung zwischen Holzfeuchte-Änderungen und der Schwindungs- bzw. Quellungsanisotropie in der Trägerebene gekrümmter Brettschichtholz-

Bauteile ist grundsätzlich zu klären. Voruntersuchungen zeigen, dass durch diese Wechselwirkung schädliche Querzug- und Schubspannungen sehr wahrscheinlich mitbegründet sind, die bei der Bemessung bislang unberücksichtigt bleiben. Es sind numerische und ggf. experimentelle Untersuchungen erforderlich, um genaue Kenntnis von den wahren Spannungszuständen zu erlangen.

• Der Einfluss der Größe des Schub beanspruchten Volumens auf die Schubfestigkeit von Brettschichtholz sollte untersucht werden. Die Annahme, dass sich ein großes Volumen ungünstig auf die Schubfestigkeit auswirken kann, lässt sich anhand von Schadensfällen mit Schubversagen nicht widerlegen: 19 Brettschichtholzträger hatten am Auflager Trägerhöhen zwischen 650 und 2400 mm.

• Gerade statisch unbestimmte Zwei- und Dreifeldträger (ohne Vouten) aus Brettschichtholz sind hinsichtlich des Biegeversagens über den inneren Stützungen unauffällig. Numerische Voruntersuchungen und Hinweise im Schrifttum zeigen, dass die Versagenswahrscheinlichkeit solcher Träger deutlich geringer ist als diejenige von vergleichbaren Einfeldträgern. Um eine höhere charakteristische Biegefestigkeit experimentell abzusichern, sind noch vergleichende Biegeversuche an Ein- und Zweifeldträgern aus Brettschichtholz wünschenswert.

6 Literatur, Normen und Hilfsmittel

Blaß HJ, Frese M (2007) Schadensanalyse, Schadensursachen und Bewertung der Standsicherheit bestehender Holzkonstruktionen. Forschungsbericht der Versuchsanstalt für Stahl, Holz und Steine, Abt. Ingenieurholzbau, Universität Karlsruhe (TH). Unveröffentlicht

Blaß HJ, Frese M, Glos P, Denzler JK, Linsenmann P, Ranta-Maunus A (2009) Zuverlässigkeit von Fichten-Brettschichtholz mit modifiziertem Aufbau, Bd. 11. Karlsruher Berichte zum Ingenieurholzbau. Universitätsverlag Karlsruhe, Karlsruhe

Brüninghoff H, Brüggemann B, Schülke E (1987) Bauschäden an Dachtragwerken aus Brettschichtholz. Bauen mit Holz 1/1987: 21-23

Colling F (1986) Einfluss des Volumens und der Spannungsverteilung auf die Festigkeit eines Rechteckträgers. Holz als Roh- und Werkstoff 44: 179-183

Dröge G, Dröge T (2003) Schäden an Holztragwerken, Bd. 28. Schadenfreies Bauen. Fraunhofer IRB Verlag, Stuttgart

Egner K (1963) Leimbauweisen. In: v. Halász R (Hg.): Holzbau-Taschenbuch, 6. Aufl. Wilhelm Ernst & Sohn, Berlin, München

Egner K, Kolb H (1974) Leimbauweisen. In: v. Halász R (Hg.): Holzbau-Taschenbuch, 7. Aufl. Wilhem Ernst & Sohn, Berlin, München, Düsseldorf

Feldmeier F (2006) Wer weiß was? – ein Beitrag zur Bauphysik. Bauen mit Holz 9/2006: 46-49

Feldmeier F (2007) Eissporthallen: Bei Sanierungen Vorsicht geboten! Bauen mit Holz 7-8/2007: 40-42

Fritzen K (2002) Heiß her ging es bei den Nagelplattenverwendern. Bauen mit Holz 1/2002: 52-53

Fritzen K (2007) Konstruktion mit Nagelplatten (NP). Bauen mit Holz 2/2007: 28-31

Fritzen K (2008) Querzug verdient Beachtung. Bauen mit Holz 6/2008: 41-45

Geidner T (2003) Risse in BS-Holz-Binder. Bauen mit Holz 9/2003: 33-36

Hinkes FJ (2005) Dachtragwerke in Nagelplattenbauweise – Anforderungen an die Konstruktion und die Bauausführung; Hinweise zur Vermeidung von Fehlern bei der Bauausführung. „Ingenieurholzbau; Karlsruher Tage 2005", Bruderverlag, Karlsruhe

Hoffmeyer P (1995) Holz als Baustoff Step 1. Fachverlag Holz der Arbeitsgemeinschaft Holz e.V., Düsseldorf

Hsu NN, Tang RC (1975) Distortion and Internal Stresses in Lumber Due to Anisotropic Shrinkage. Wood Science 7: 298-307

Isaksson T (2003) Structural Timber – Variability and Statistical Modelling. In: Thelandersson S, Larsen HJ (Hg.): Timber Engineering. Wiley & Sons, Chichester

Kang W, Lee NH (2004) Relationship between radial variations in shrinkage and drying defects of tree disks. Journal of Wood Science 50: 209-216

Keylwerth R (1944/1945) Das Schwinden und seine Beziehungen zu Rohwichte und Aufbau des Holzes. Holz als Roh- und Werkstoff 7: 7-21

Kliger R, Johansson M, Perstorper M, Johansson G (2003) Distortion of Norway spruce timber; Part 3. Modelling bow and spring. Holz als Roh- und Werkstoff 61: 241-250

Kreuzinger H, Preuss K (2001) Doppelträger aus BS-Holz. Bauen mit Holz 8/2001: 32-33

Kubler H (1975) Study on Drying of Tree Cross Sections. Wood Science 7: 173-181

Larsen HJ, Riberholt H (1983) Trækonstruktioner, Beregning. SBI-Anvisning 135, Statens Byggeforskningsinstitut, Denmark

Lips-Ambs FJ (1980) Eiskunstlaufhalle in Oberstdorf/Allgäu. Bauen mit Holz 11/1980: 649-652

Lips-Ambs FJ (1982) Neue Eissporthalle in Aschaffenburg. Bauen mit Holz 3/1982: 139

Marquardt H, Mainka GW (2008) Tauwasserausfall in Eissporthallen. Bauphysik 30: 91-101

Möhler K, Steck G (1980) Untersuchungen über die Rissbildung in Brettschichtholz infolge Klimabeanspruchung. Bauen mit Holz 4/1980: 194-200

Natterer J, Herzog T, Volz M (1991) Holzbau Atlas Zwei. Institut für internationale Architektur-Dokumentation GmbH, München

Perstorper M, Johansson M, Kliger R, Johansson G (2001) Distortion of Norway spruce timber; Part 1. Variation of relevant wood properties. Holz als Roh- und Werkstoff 59: 94-103

Prietz F (2010) Einsturz der Dachkonstruktion eines Einkaufsmarktes bei Berlin. Bautechnik 87: 228-233

Ruske W (1977) Fachwerkträger mit Stahl-Füllstäben. Bauen mit Holz 9/1977: 416-417

Scheer J (2000) Versagen von Bauwerken, Bd. 1: Brücken. Ernst & Sohn, Berlin

Scheer J (2001) Versagen von Bauwerken – Ursachen, Lehren, Bd. 2: Hochbauten und Sonderbauwerke. Ernst & Sohn, Berlin

Schroeter H (2007) Erläuterungen und Beispiele zur Lastnorm DIN 1055 neu. Bautechnik 84: 559-571

Tauchert TR, Hsu NN (1977) Shrinkage Stresses in Wood Logs Considered as Layered, Cylindrically Orthotropic Materials. Wood Science and Technology 11: 51-58

Vogelsang F (2008) Schadensanalyse von Hallentragwerken aus Holz: Ausbau einer bestehenden Datenbank und erweiterte Auswertungen. Diplomarbeit, Lehrstuhl f. Ingenieurholzbau u. Baukonstruktionen, Universität Karlsruhe (TH). Unveröffentlicht

Walter B (2007) Ein Riss kommt selten allein. Mikado 9/2007: 18-21

DGfH – Deutsche Gesellschaft für Holzforschung e.V. (1994) Holzschutz – Informationen für Bauherren, Architekten und Ingenieure. Wirtschaftsministerium Baden-Württemberg (Hg.), Stuttgart

AITC (1992) Technical Note 2 – Deflection of glued laminated timber arches. American Institute of Timber Construction (AITC), Centennial, CO, USA

DIN 1052-1:1969-10 Holzbauwerke – Berechnung und Ausführung

DIN 1052-1:1988-04 Holzbauwerke – Berechnung und Ausführung

DIN 1052:2004-08 Entwurf, Berechnung und Bemessung von Holzbauwerken – Allgemeine Bemessungsregeln und Bemessungsregeln für den Hochbau

DIN 1052:2008-12 Entwurf, Berechnung und Bemessung von Holzbauwerken – Allgemeine Bemessungsregeln und Bemessungsregeln für den Hochbau

DIN 1055-5:1975-06 + A1:1994-04 Lastannahmen für Bauten; Verkehrslasten, Schneelast und Eislast

DIN 1055-5:2005-07 Einwirkungen auf Tragwerke – Teil 5: Schnee- und Eislasten

DIN 1055-100:2001-03 Einwirkungen auf Tragwerke – Teil 100: Grundlagen der Tragwerksplanung, Sicherheitskonzept und Bemessungsregeln

DIN 18036-1:1980-05 Eissportanlagen; Hallen für den Eissport; Grundlagen für Planung und Bau

DIN 18036:1992-11 Eissportanlagen; Anlagen für den Eissport mit Kunsteisflächen; Grundlagen für Planung und Bau

DIN 31051:2003-06 Grundlagen der Instandhaltung

DIN 52184:1979-05 Prüfung von Holz – Bestimmung der Quellung und Schwindung

DIN 68800-2:1996-05 Holzschutz – Teil 2: Vorbeugende bauliche Maßnahmen im Hochbau

EN 408:1995 Bauholz für tragende Zwecke und Brettschichtholz – Bestimmung einiger physikalischer und mechanischer Eigenschaften

Zur Darstellung und statistischen Auswertung von Daten diente das Programmsystem SAS Version 9.1 der SAS Institute Inc., Cary, NC, USA.

Die Finite-Elemente-Berechnungen wurden mit dem Programmsystem ANSYS (Version 11.0) der ANSYS, Inc., Canonsburg, PA, USA durchgeführt.

Anlagen

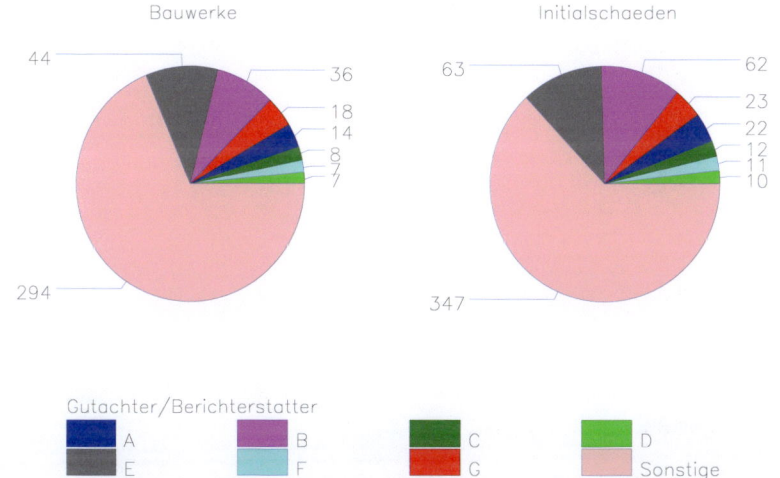

Bild A-1   Anzahl der untersuchten Bauwerke (428) und darin entdeckte Initialschäden (550) jeweils je Quelle

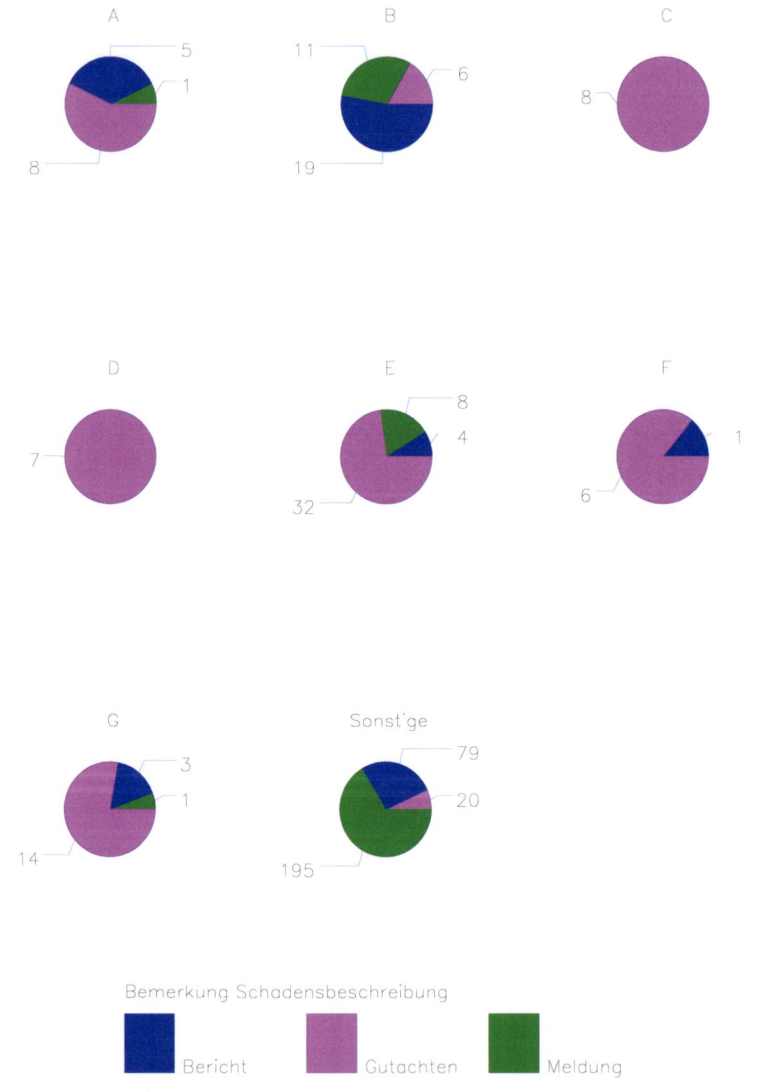

Bild A-2 Verteilung der Bemerkungen zu den 428 Schadensbeschreibungen, unterteilt in Quellen

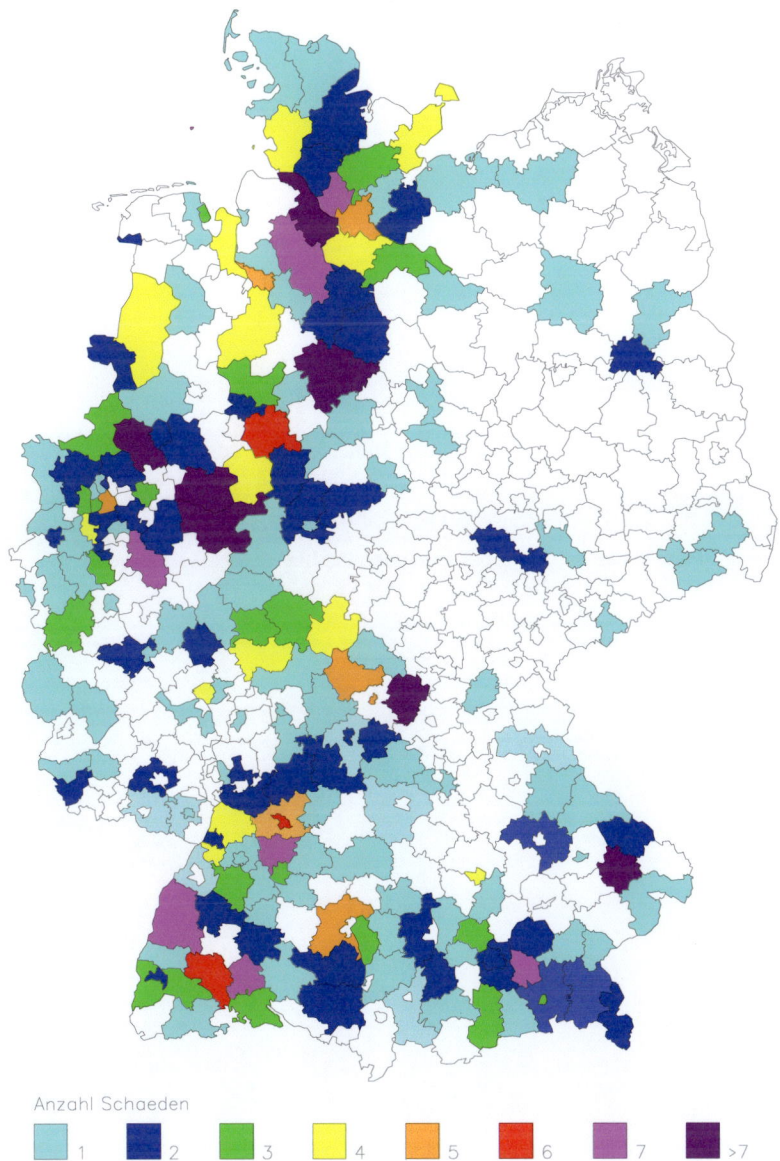

Bild A-3   Anzahl der Initialschäden je (Land-)Kreis bzw. kreisfreie Stadt

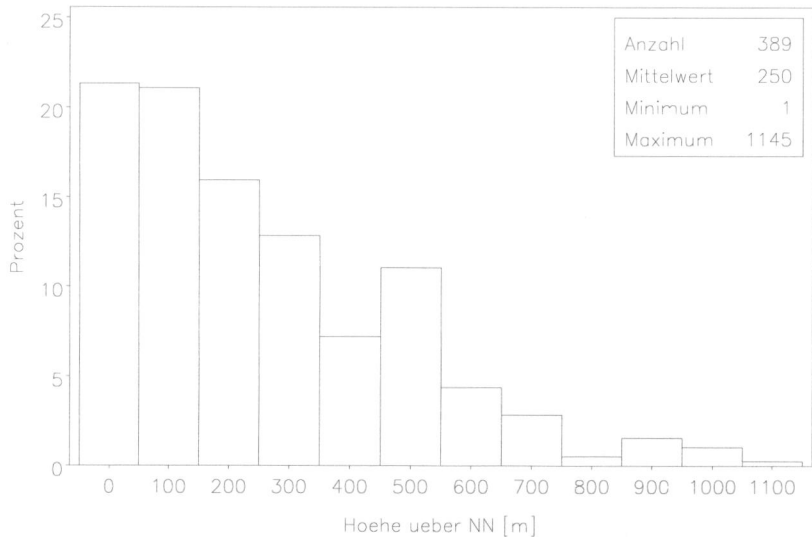

Bild A-4   Häufigkeitsverteilung der Geländehöhe über dem Meeresniveau

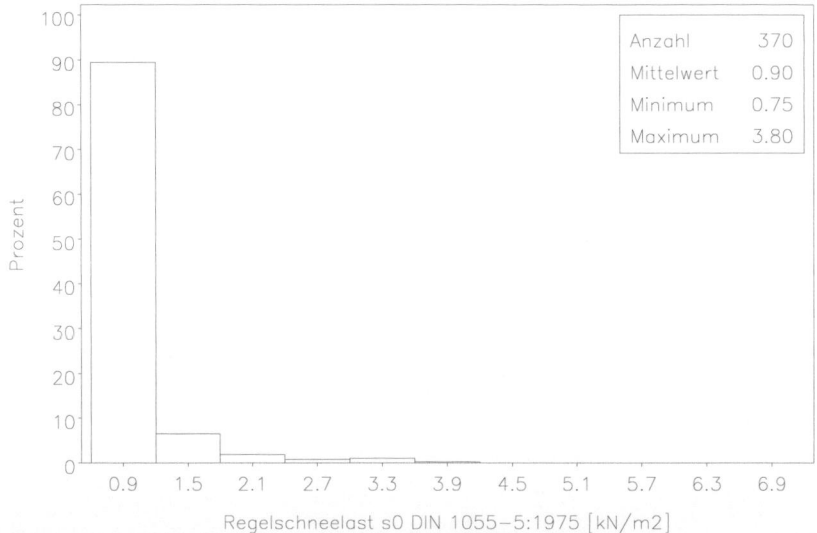

Bild A-5 Häufigkeitsverteilung der Regelschneelast

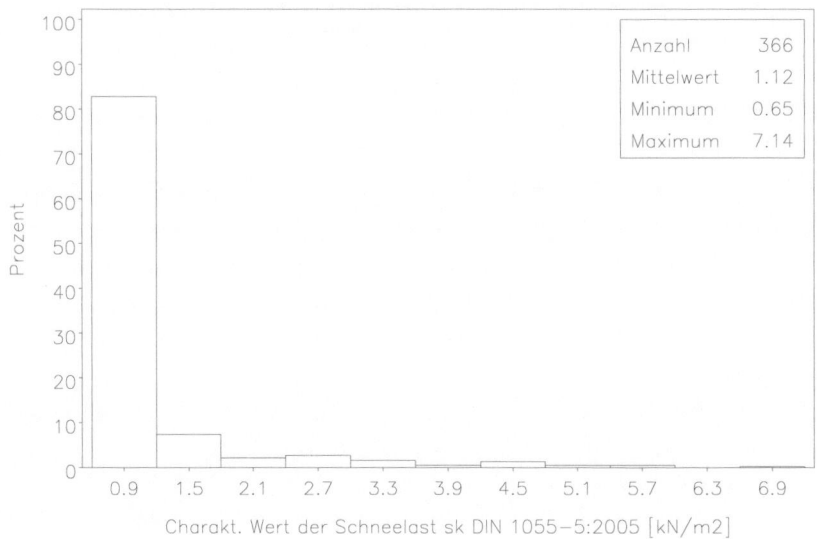

Bild A-6 Häufigkeitsverteilung des charakteristischen Wertes der Schneelast

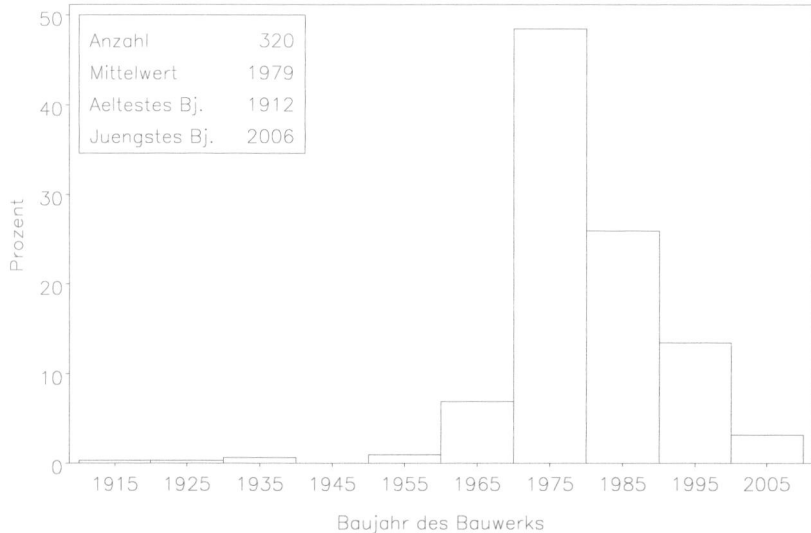

Bild A-7   Häufigkeitsverteilung des Baujahres der Bauwerke

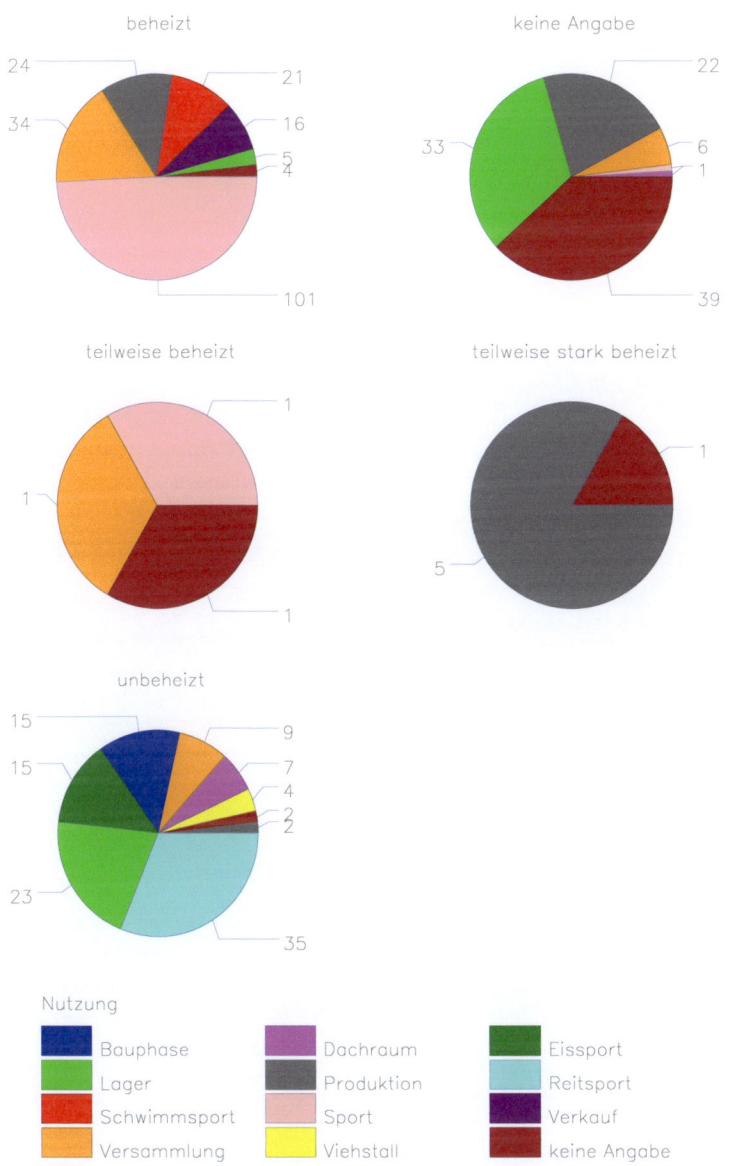

Bild A-8 Verteilung der Nutzung, klassifiziert nach (teilweise bzw. teilweise stark) beheizten und unbeheizten Bauwerken

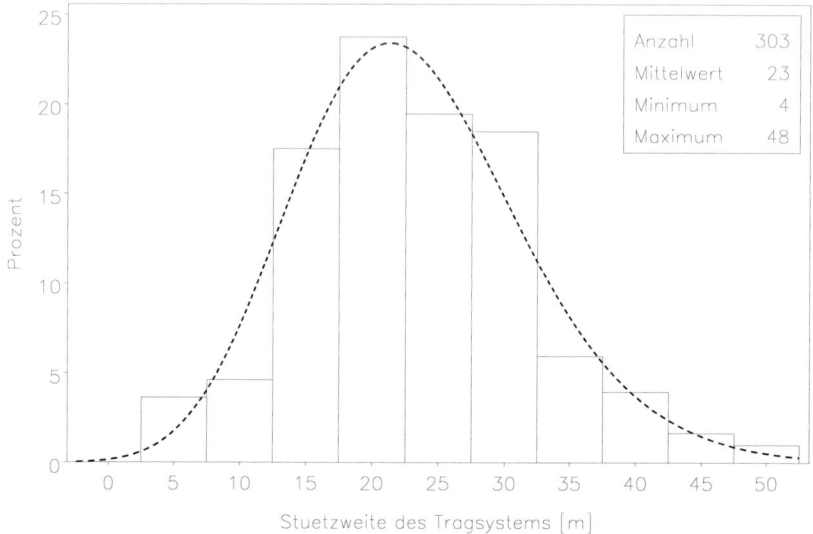

Bild A-9   Häufigkeitsverteilung der Tragsystem-Stützweite

Tabelle A-1 Betroffene Tragsysteme und betroffene Bauteile

Frequency
Percent
Row Pct

Col Pct	Biegetra eger	Biegetra eger m. Druck	Drucksta b	Drucksta b m. Bie gung	Fachwerk traeger	Scheibe/ Platte	Zugstab	keine An gabe	Total
Bogen	0	0	0	5	0	0	0	0	5
	0.00	0.00	0.00	1.06	0.00	0.00	0.00	0.00	1.06
	0.00	0.00	0.00	100.00	0.00	0.00	0.00	0.00	
	0.00	0.00	0.00	17.24	0.00	0.00	0.00	0.00	
Einfeldtraeger	266	5	0	0	18	0	0	0	289
	56.60	1.06	0.00	0.00	3.83	0.00	0.00	0.00	61.49
	92.04	1.73	0.00	0.00	6.23	0.00	0.00	0.00	
	78.47	13.51	0.00	0.00	72.00	0.00	0.00	0.00	
Fachwerktraeger	0	0	2	4	0	0	7	1	14
	0.00	0.00	0.43	0.85	0.00	0.00	1.49	0.21	2.98
	0.00	0.00	14.29	28.57	0.00	0.00	50.00	7.14	
	0.00	0.00	25.00	13.79	0.00	0.00	77.78	4.76	
Gelenkstabzug	1	6	0	3	1	0	1	0	12
	0.21	1.28	0.00	0.64	0.21	0.00	0.21	0.00	2.55
	8.33	50.00	0.00	25.00	8.33	0.00	8.33	0.00	
	0.29	16.22	0.00	10.34	4.00	0.00	11.11	0.00	
Kragtraeger	3	2	0	4	0	0	0	0	9
	0.64	0.43	0.00	0.85	0.00	0.00	0.00	0.00	1.91
	33.33	22.22	0.00	44.44	0.00	0.00	0.00	0.00	
	0.88	5.41	0.00	13.79	0.00	0.00	0.00	0.00	
Mehrfeldtraeger	33	0	0	0	0	1	0	0	34
	7.02	0.00	0.00	0.00	0.00	0.21	0.00	0.00	7.23
	97.06	0.00	0.00	0.00	0.00	2.94	0.00	0.00	
	9.73	0.00	0.00	0.00	0.00	50.00	0.00	0.00	
Rahmen	4	23	4	11	1	0	0	0	43
	0.85	4.89	0.85	2.34	0.21	0.00	0.00	0.00	9.15
	9.30	53.49	9.30	25.58	2.33	0.00	0.00	0.00	
	1.18	62.16	50.00	37.93	4.00	0.00	0.00	0.00	
Stabrost	4	0	0	0	0	0	0	0	4
	0.85	0.00	0.00	0.00	0.00	0.00	0.00	0.00	0.85
	100.00	0.00	0.00	0.00	0.00	0.00	0.00	0.00	
	1.18	0.00	0.00	0.00	0.00	0.00	0.00	0.00	
Stuetzensystem	0	0	1	2	0	0	0	0	3
	0.00	0.00	0.21	0.43	0.00	0.00	0.00	0.00	0.64
	0.00	0.00	33.33	66.67	0.00	0.00	0.00	0.00	
	0.00	0.00	12.50	6.90	0.00	0.00	0.00	0.00	
Traegerrost	2	0	0	0	0	0	0	0	2
	0.43	0.00	0.00	0.00	0.00	0.00	0.00	0.00	0.43
	100.00	0.00	0.00	0.00	0.00	0.00	0.00	0.00	
	0.59	0.00	0.00	0.00	0.00	0.00	0.00	0.00	
keine Angabe	26	1	1	0	5	1	1	20	55
	5.53	0.21	0.21	0.00	1.06	0.21	0.21	4.26	11.70
	47.27	1.82	1.82	0.00	9.09	1.82	1.82	36.36	
	7.67	2.70	12.50	0.00	20.00	50.00	11.11	95.24	
Total	339	37	8	29	25	2	9	21	470
	72.13	7.87	1.70	6.17	5.32	0.43	1.91	4.47	100.00

Tabelle A-2 Betroffene Bauteile und Bauteilformen

Frequency
Percent
Row Pct
Col Pct

	Sattelda ch	Sattelda ch UG ge neigt	Sattelda ch UG ge rade	fischbau chfoermi g	geknickt	gekruemm t	gerade	keine An gabe	parallel	trapezfo ermig	Total
Biegetraeger	15	116	52	4	7	14	117	9	0	5	339
	3.19	24.68	11.06	0.85	1.49	2.98	24.89	1.91	0.00	1.06	72.13
	4.42	34.22	15.34	1.18	2.06	4.13	34.51	2.65	0.00	1.47	
	100.00	95.08	85.25	66.67	77.78	43.75	76.47	18.75	0.00	23.81	
Biegetraeger m.	0	3	0	1	2	10	8	6	0	7	37
Druck	0.00	0.64	0.00	0.21	0.43	2.13	1.70	1.28	0.00	1.49	7.87
	0.00	8.11	0.00	2.70	5.41	27.03	21.62	16.22	0.00	18.92	
	0.00	2.46	0.00	16.67	22.22	31.25	5.23	12.50	0.00	33.33	
Druckstab	0	0	0	0	0	0	6	2	0	0	8
	0.00	0.00	0.00	0.00	0.00	0.00	1.28	0.43	0.00	0.00	1.70
	0.00	0.00	0.00	0.00	0.00	0.00	75.00	25.00	0.00	0.00	
	0.00	0.00	0.00	0.00	0.00	0.00	3.92	4.17	0.00	0.00	
Druckstab m. Bie	0	0	0	0	0	7	11	3	0	8	29
gung	0.00	0.00	0.00	0.00	0.00	1.49	2.34	0.64	0.00	1.70	6.17
	0.00	0.00	0.00	0.00	0.00	24.14	37.93	10.34	0.00	27.59	
	0.00	0.00	0.00	0.00	0.00	21.88	7.19	6.25	0.00	38.10	
Fachwerktraeger	0	3	9	1	0	0	0	8	3	1	25
	0.00	0.64	1.91	0.21	0.00	0.00	0.00	1.70	0.64	0.21	5.32
	0.00	12.00	36.00	4.00	0.00	0.00	0.00	32.00	12.00	4.00	
	0.00	2.46	14.75	16.67	0.00	0.00	0.00	16.67	100.00	4.76	
Scheibe/Platte	0	0	0	0	0	0	0	2	0	0	2
	0.00	0.00	0.00	0.00	0.00	0.00	0.00	0.43	0.00	0.00	0.43
	0.00	0.00	0.00	0.00	0.00	0.00	0.00	100.00	0.00	0.00	
	0.00	0.00	0.00	0.00	0.00	0.00	0.00	4.17	0.00	0.00	
Zugstab	0	0	0	0	0	0	9	0	0	0	9
	0.00	0.00	0.00	0.00	0.00	0.00	1.91	0.00	0.00	0.00	1.91
	0.00	0.00	0.00	0.00	0.00	0.00	100.00	0.00	0.00	0.00	
	0.00	0.00	0.00	0.00	0.00	0.00	5.88	0.00	0.00	0.00	
keine Angabe	0	0	0	0	0	1	2	18	0	0	21
	0.00	0.00	0.00	0.00	0.00	0.21	0.43	3.83	0.00	0.00	4.47
	0.00	0.00	0.00	0.00	0.00	4.76	9.52	85.71	0.00	0.00	
	0.00	0.00	0.00	0.00	0.00	3.13	1.31	37.50	0.00	0.00	
Total	15	122	61	6	9	32	153	48	3	21	470
	3.19	25.96	12.98	1.28	1.91	6.81	32.55	10.21	0.64	4.47	100.00

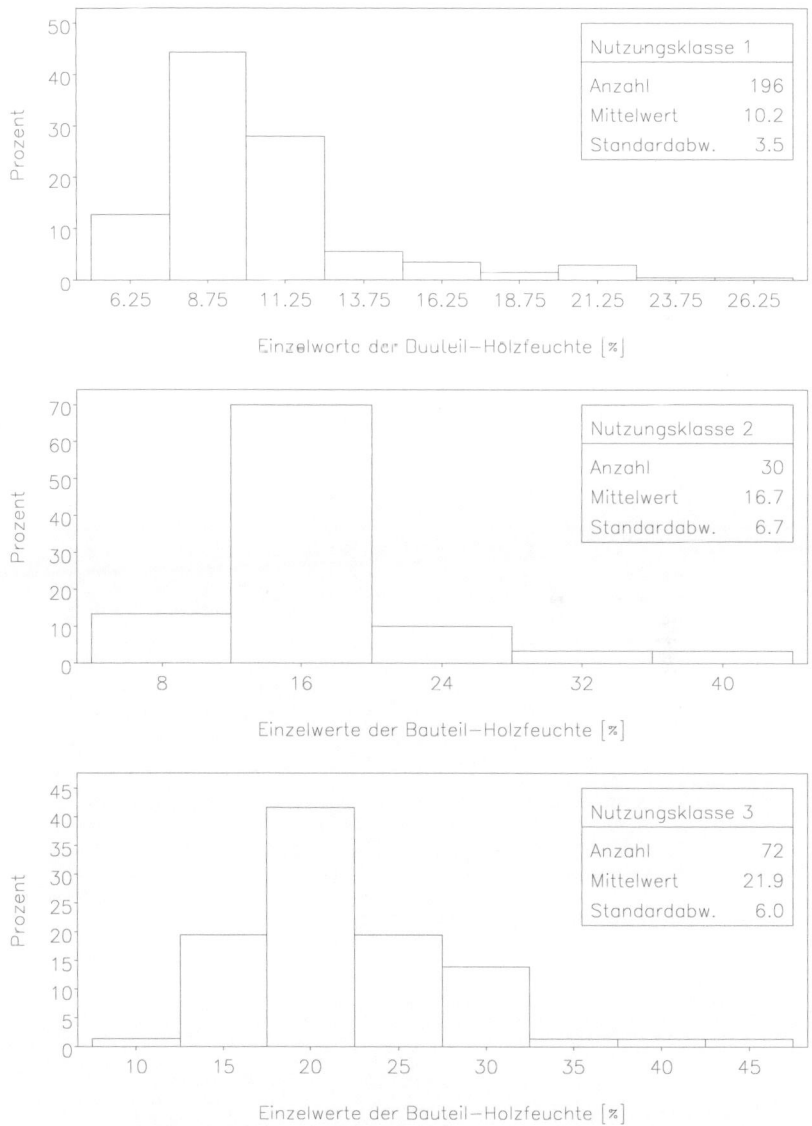

Bild A-10 Häufigkeitsverteilung der Einzelwerte der Bauteil-Holzfeuchte; (oben) Nutzungsklasse 1, (Mitte) 2 und (unten) 3; die automatische Berechnung der Klassenanzahl bedingt größere Klassenbreiten bei kleinerem Stichprobenumfang und umgekehrt

Tabelle A-3 Baustoffe und Festigkeitsklassen

Frequency Percent Row Pct Col Pct	BS14	BS18	GKLI	GKLII	GL28c	S10	keine An gabe	Total
BSH	8	1	40	18	1	0	342	410
	1.70	0.21	8.51	3.83	0.21	0.00	72.77	87.23
	1.95	0.24	9.76	4.39	0.24	0.00	83.41	
	100.00	100.00	100.00	72.00	100.00	0.00	86.80	
BSH/HWST	0	0	0	1	0	0	6	7
	0.00	0.00	0.00	0.21	0.00	0.00	1.28	1.49
	0.00	0.00	0.00	14.29	0.00	0.00	85.71	
	0.00	0.00	0.00	4.00	0.00	0.00	1.52	
BSH/VH	0	0	0	0	0	0	2	2
	0.00	0.00	0.00	0.00	0.00	0.00	0.43	0.43
	0.00	0.00	0.00	0.00	0.00	0.00	100.00	
	0.00	0.00	0.00	0.00	0.00	0.00	0.51	
HWST	0	0	0	0	0	0	3	3
	0.00	0.00	0.00	0.00	0.00	0.00	0.64	0.64
	0.00	0.00	0.00	0.00	0.00	0.00	100.00	
	0.00	0.00	0.00	0.00	0.00	0.00	0.76	
VH	0	0	0	6	0	1	38	45
	0.00	0.00	0.00	1.28	0.00	0.21	8.09	9.57
	0.00	0.00	0.00	13.33	0.00	2.22	84.44	
	0.00	0.00	0.00	24.00	0.00	100.00	9.64	
keine Angabe	0	0	0	0	0	0	3	3
	0.00	0.00	0.00	0.00	0.00	0.00	0.64	0.64
	0.00	0.00	0.00	0.00	0.00	0.00	100.00	
	0.00	0.00	0.00	0.00	0.00	0.00	0.76	
Total	8	1	40	25	1	1	394	470
	1.70	0.21	8.51	5.32	0.21	0.21	83.83	100.00

Tabelle A-4   Baustoffe und Kleber

Frequency Percent Row Pct Col Pct	Harnstoff	Melamin	Resorcin	keine An gabe	ohne	Total
BSH	57	1	28	324	0	410
	12.13	0.21	5.96	68.94	0.00	87.23
	13.90	0.24	6.83	79.02	0.00	
	96.61	100.00	87.50	96.43	0.00	
BSH/HWST	2	0	1	4	0	7
	0.43	0.00	0.21	0.85	0.00	1.49
	28.57	0.00	14.29	57.14	0.00	
	3.39	0.00	3.13	1.19	0.00	
BSH/VH	0	0	0	2	0	2
	0.00	0.00	0.00	0.43	0.00	0.43
	0.00	0.00	0.00	100.00	0.00	
	0.00	0.00	0.00	0.60	0.00	
HWST	0	0	0	3	0	3
	0.00	0.00	0.00	0.64	0.00	0.64
	0.00	0.00	0.00	100.00	0.00	
	0.00	0.00	0.00	0.89	0.00	
VH	0	0	3	0	42	45
	0.00	0.00	0.64	0.00	8.94	9.57
	0.00	0.00	6.67	0.00	93.33	
	0.00	0.00	9.38	0.00	100.00	
keine Angabe	0	0	0	3	0	3
	0.00	0.00	0.00	0.64	0.00	0.64
	0.00	0.00	0.00	100.00	0.00	
	0.00	0.00	0.00	0.89	0.00	
Total	59	1	32	336	42	470
	12.55	0.21	6.81	71.49	8.94	100.00

Tabelle A-5   Kleber und Bauteil-Nutzungsklassen

```
Frequency
Percent
Row Pct
Col Pct            0      1      2       3    Total
```

	0	1	2	3	Total
Harnstoff	3	41	11	4	59
	0.64	8.72	2.34	0.85	12.55
	5.08	69.49	18.64	6.78	
	5.56	13.53	18.64	7.41	
Melamin	0	0	1	0	1
	0.00	0.00	0.21	0.00	0.21
	0.00	0.00	100.00	0.00	
	0.00	0.00	1.69	0.00	
Resorcin	0	17	3	12	32
	0.00	3.62	0.64	2.55	6.81
	0.00	53.13	9.38	37.50	
	0.00	5.61	5.08	22.22	
keine Angabe	49	216	39	32	336
	10.43	45.96	8.30	6.81	71.49
	14.58	64.29	11.61	9.52	
	90.74	71.29	66.10	59.26	
ohne	2	29	5	6	42
	0.43	6.17	1.06	1.28	8.94
	4.76	69.05	11.90	14.29	
	3.70	9.57	8.47	11.11	
Total	54	303	59	54	470
	11.49	64.47	12.55	11.49	100.00

Hinweis: 0=keine Angabe

Tabelle A-6 Häufigkeit der Nennung von Brettschichtholzherstellern im Zusammenhang mit geschädigten Brettschichtholzbauteilen

Hersteller	Frequency	Percent	Frequency	Percent
Firma 01	3	0.72	3	0.72
Firma 02	2	0.48	5	1.19
Firma 03	8	1.91	13	3.10
Firma 04	1	0.24	14	3.34
Firma 05	13	3.10	27	6.44
Firma 06	2	0.48	29	6.92
Firma 07	1	0.24	30	7.16
Firma 08	11	2.63	41	9.79
Firma 09	13	3.10	54	12.89
Firma 10	7	1.67	61	14.56
Firma 11	2	0.48	63	15.04
Firma 12	2	0.48	65	15.51
Firma 13	9	2.15	74	17.66
Firma 14	2	0.48	76	18.14
Firma 15	2	0.48	78	18.62
Firma 16	2	0.48	80	19.09
Firma 17	1	0.24	81	19.33
Firma 18	1	0.24	82	19.57
Firma 19	1	0.24	83	19.81
Firma 20	14	3.34	97	23.15
Firma 21	1	0.24	98	23.39
Firma 22	3	0.72	101	24.11
Firma 23	20	4.77	121	28.88
Firma 24	3	0.72	124	29.59
Firma 25	21	5.01	145	34.61
Firma 26	2	0.48	147	35.08
Firma 27	2	0.48	149	35.56
Firma 28	8	1.91	157	37.47
Firma 29	27	6.44	184	43.91
Firma 30	8	1.91	192	45.82
Firma 31	1	0.24	193	46.06
Firma 32	1	0.24	194	46.30
Firma 33	4	0.95	198	47.26
Firma 34	12	2.86	210	50.12
Firma 35	2	0.48	212	50.60
Firma 36	1	0.24	213	50.84
Firma 37	7	1.67	220	52.51
Firma 38	4	0.95	224	53.46
Firma 39	5	1.19	229	54.65
keine Angabe	190	45.35	419	100.00

Hinweis: Firmennamen anonymisiert

Tabelle A-7   Betroffene Bauteile und Baustoffe

```
Frequency
Percent
Row Pct
Col Pct        BSH    BSH/HWST  BSH/VH   HWST    VH    keine An  Total
                                                       gabe
```

	BSH	BSH/HWST	BSH/VH	HWST	VH	keine Angabe	Total
Biegetraeger	324	6	1	0	8	0	339
	68.94	1.28	0.21	0.00	1.70	0.00	72.13
	95.58	1.77	0.29	0.00	2.36	0.00	
	79.02	85.71	50.00	0.00	17.78	0.00	
Biegetraeger m.	35	0	0	0	0	2	37
Druck	7.45	0.00	0.00	0.00	0.00	0.43	7.87
	94.59	0.00	0.00	0.00	0.00	5.41	
	8.54	0.00	0.00	0.00	0.00	66.67	
Druckstab	4	0	0	0	4	0	8
	0.85	0.00	0.00	0.00	0.85	0.00	1.70
	50.00	0.00	0.00	0.00	50.00	0.00	
	0.98	0.00	0.00	0.00	8.89	0.00	
Druckstab m. Bie	23	0	1	0	5	0	29
gung	4.89	0.00	0.21	0.00	1.06	0.00	6.17
	79.31	0.00	3.45	0.00	17.24	0.00	
	5.61	0.00	50.00	0.00	11.11	0.00	
Fachwerktraeger	3	0	0	1	21	0	25
	0.64	0.00	0.00	0.21	4.47	0.00	5.32
	12.00	0.00	0.00	4.00	84.00	0.00	
	0.73	0.00	0.00	33.33	46.67	0.00	
Scheibe/Platte	0	0	0	2	0	0	2
	0.00	0.00	0.00	0.43	0.00	0.00	0.43
	0.00	0.00	0.00	100.00	0.00	0.00	
	0.00	0.00	0.00	66.67	0.00	0.00	
Zugstab	4	0	0	0	5	0	9
	0.85	0.00	0.00	0.00	1.06	0.00	1.91
	44.44	0.00	0.00	0.00	55.56	0.00	
	0.98	0.00	0.00	0.00	11.11	0.00	
keine Angabe	17	1	0	0	2	1	21
	3.62	0.21	0.00	0.00	0.43	0.21	4.47
	80.95	4.76	0.00	0.00	9.52	4.76	
	4.15	14.29	0.00	0.00	4.44	33.33	
Total	410	7	2	3	45	3	470
	87.23	1.49	0.43	0.64	9.57	0.64	100.00

Tabelle A-8   Initialschäden und Gutachter

```
Frequency
Percent
Row Pct
Col Pct      A       B       C       D       E       F       G      Sonstige   Total
```

	A	B	C	D	E	F	G	Sonstige	Total
Blaeue- o. Schim melpilze	0 0.00 0.00 0.00	0 0.00 0.00 0.00	0 0.00 0.00 0.00	0 0.00 0.00 0.00	3 0.55 75.00 4.76	0 0.00 0.00 0.00	0 0.00 0.00 0.00	1 0.18 25.00 0.29	4 0.73
Blockscheren	0 0.00 0.00 0.00	1 0.18 50.00 1.61	0 0.00 0.00 0.00	0 0.00 0.00 0.00	0 0.00 0.00 0.00	0 0.00 0.00 0.00	0 0.00 0.00 0.00	1 0.18 50.00 0.29	2 0.36
Durchfeuchtung	0 0.00 0.00 0.00	0 0.00 0.00 0.00	2 0.36 20.00 16.67	0 0.00 0.00 0.00	0 0.00 0.00 0.00	1 0.18 10.00 9.09	1 0.18 10.00 4.35	6 1.09 60.00 1.73	10 1.82
Faeule	0 0.00 0.00 0.00	1 0.18 3.45 1.61	1 0.18 3.45 8.33	1 0.18 3.45 10.00	4 0.73 13.79 6.35	1 0.18 3.45 9.09	1 0.18 3.45 4.35	20 3.64 68.97 5.76	29 5.27
Knicken	0 0.00 0.00 0.00	0 0.00 0.00 0.00	0 0.00 0.00 0.00	2 0.36 33.33 20.00	0 0.00 0.00 0.00	0 0.00 0.00 0.00	0 0.00 0.00 0.00	4 0.73 66.67 1.15	6 1.09
Korrosion	0 0.00 0.00 0.00	1 0.18 20.00 1.61	0 0.00 0.00 0.00	0 0.00 0.00 0.00	0 0.00 0.00 0.00	0 0.00 0.00 0.00	0 0.00 0.00 0.00	4 0.73 80.00 1.15	5 0.91
Querdruckversage n	0 0.00 0.00 0.00	1 0.18 100.00 1.61	0 0.00 0.00 0.00	0 0.00 0.00 0.00	0 0.00 0.00 0.00	0 0.00 0.00 0.00	0 0.00 0.00 0.00	0 0.00 0.00 0.00	1 0.18
Total	22 4.00	62 11.27	12 2.18	10 1.82	63 11.45	11 2.00	23 4.18	347 63.09	550 100.00

(Continued)

Tabelle A-8 (Forts.) Initialschäden und Gutachter

```
Frequency
Percent
Row Pct
Col Pct        A        B        C        D        E        F        G       Sonstige    Total
```

	A	B	C	D	E	F	G	Sonstige	Total
Risse in Faserri	17	48	4	5	49	7	18	236	384
chtung	3.09	8.73	0.73	0.91	8.91	1.27	3.27	42.91	69.82
	4.43	12.50	1.04	1.30	12.76	1.82	4.69	61.46	
	77.27	77.42	33.33	50.00	77.78	63.64	78.26	68.01	
Schubbruch	1	3	3	1	2	2	0	14	26
	0.18	0.55	0.55	0.18	0.36	0.36	0.00	2.55	4.73
	3.85	11.54	11.54	3.85	7.69	7.69	0.00	53.85	
	4.55	4.84	25.00	10.00	3.17	18.18	0.00	4.03	
Zug- o. Schubbru	0	0	0	0	0	0	0	9	9
ch	0.00	0.00	0.00	0.00	0.00	0.00	0.00	1.64	1.64
	0.00	0.00	0.00	0.00	0.00	0.00	0.00	100.00	
	0.00	0.00	0.00	0.00	0.00	0.00	0.00	2.59	
Zugbruch	1	1	2	1	2	0	2	18	27
	0.18	0.18	0.36	0.18	0.36	0.00	0.36	3.27	4.91
	3.70	3.70	7.41	3.70	7.41	0.00	7.41	66.67	
	4.55	1.61	16.67	10.00	3.17	0.00	8.70	5.19	
bedenkliche Verf	2	1	0	0	2	0	1	8	14
ormung	0.36	0.18	0.00	0.00	0.36	0.00	0.18	1.45	2.55
	14.29	7.14	0.00	0.00	14.29	0.00	7.14	57.14	
	9.09	1.61	0.00	0.00	3.17	0.00	4.35	2.31	
ohne	1	4	0	0	1	0	0	1	7
	0.18	0.73	0.00	0.00	0.18	0.00	0.00	0.18	1.27
	14.29	57.14	0.00	0.00	14.29	0.00	0.00	14.29	
	4.55	6.45	0.00	0.00	1.59	0.00	0.00	0.29	
unbekannt	0	1	0	0	0	0	0	25	26
	0.00	0.18	0.00	0.00	0.00	0.00	0.00	4.55	4.73
	0.00	3.85	0.00	0.00	0.00	0.00	0.00	96.15	
	0.00	1.61	0.00	0.00	0.00	0.00	0.00	7.20	
Total	22	62	12	10	63	11	23	347	550
	4.00	11.27	2.18	1.82	11.45	2.00	4.18	63.09	100.00

Tabelle A-9 Initialschäden und Bemerkungen zu den Initialschäden

```
Frequency
Percent
Row Pct
Col Pct
```

	Keilzinken	Knotenplatte	im Holz	im Holz u. in der Klebefuge	in der Klebefuge	keine Angabe	sonst. Stahlteile	Total
Risse in Faserrichtung	0	0	36	79	58	211	0	384
	0.00	0.00	8.07	17.71	13.00	47.31	0.00	86.10
	0.00	0.00	9.38	20.57	15.10	54.95	0.00	
	0.00	0.00	87.80	96.34	92.06	84.74	0.00	
Schubbruch	0	0	5	3	5	13	0	26
	0.00	0.00	1.12	0.67	1.12	2.91	0.00	5.83
	0.00	0.00	19.23	11.54	19.23	50.00	0.00	
	0.00	0.00	12.20	3.66	7.94	5.22	0.00	
Zug- o. Schubbruch	0	0	0	0	0	9	0	9
	0.00	0.00	0.00	0.00	0.00	2.02	0.00	2.02
	0.00	0.00	0.00	0.00	0.00	100.00	0.00	
	0.00	0.00	0.00	0.00	0.00	3.61	0.00	
Zugbruch	9	1	0	0	0	16	1	27
	2.02	0.22	0.00	0.00	0.00	3.59	0.22	6.05
	33.33	3.70	0.00	0.00	0.00	59.26	3.70	
	100.00	100.00	0.00	0.00	0.00	6.43	100.00	
Total	9	1	41	82	63	249	1	446
	2.02	0.22	9.19	18.39	14.13	55.83	0.22	100.00

Tabelle A-10 Initialschäden (Risse in Faserrichtung, Zug- und/oder Schubbrüche)
und Schadensstellen hinsichtlich der Lage im Querschnitt

```
Frequency
Percent
Row Pct
Col Pct
```

	Blockfuge	Druckzone	Traegerflanken	Zugzone	keine Angabe	neutrale Faser	Total
Risse in Faserrichtung	5	0	352	3	23	1	384
	1.12	0.00	78.92	0.67	5.16	0.22	86.10
	1.30	0.00	91.67	0.78	5.99	0.26	
	100.00	0.00	100.00	11.11	46.94	10.00	
Schubbruch	0	3	0	0	14	9	26
	0.00	0.67	0.00	0.00	3.14	2.02	5.83
	0.00	11.54	0.00	0.00	53.85	34.62	
	0.00	100.00	0.00	0.00	28.57	90.00	
Zug- o. Schubbruch	0	0	0	0	9	0	9
	0.00	0.00	0.00	0.00	2.02	0.00	2.02
	0.00	0.00	0.00	0.00	100.00	0.00	
	0.00	0.00	0.00	0.00	18.37	0.00	
Zugbruch	0	0	0	24	3	0	27
	0.00	0.00	0.00	5.38	0.67	0.00	6.05
	0.00	0.00	0.00	88.89	11.11	0.00	
	0.00	0.00	0.00	88.89	6.12	0.00	
Total	5	3	352	27	49	10	446
	1.12	0.67	78.92	6.05	10.99	2.24	100.00

Tabelle A-11 Initialschäden (Risse in Faserrichtung, Zug- und/oder Schubbrüche)
und Schadensstellen hinsichtlich der Ansicht des betroffenen Bauteils

```
Frequency
Percent
Row Pct
Col Pct
```

	Anschlus sbereich	Auflager bereich	Auflager bereich & Feldmi tte	Feldmitt e	Knoten	keine An gabe	Total
Risse in Faserri chtung	44 9.87 11.46 95.65	27 6.05 7.03 71.05	90 20.18 23.44 86.54	99 22.20 25.78 86.84	2 0.45 0.62 28.57	122 27.35 31.77 89.05	384 86.10
Schubbruch	0 0.00 0.00 0.00	7 1.57 26.92 18.42	14 3.14 53.85 13.46	0 0.00 0.00 0.00	3 0.67 11.54 42.86	2 0.45 7.69 1.46	26 5.83
Zug- o. Schubbru ch	1 0.22 11.11 2.17	1 0.22 11.11 2.63	0 0.00 0.00 0.00	0 0.00 0.00 0.00	0 0.00 0.00 0.00	7 1.57 77.78 5.11	9 2.02
Zugbruch	1 0.22 3.70 2.17	3 0.67 11.11 7.89	0 0.00 0.00 0.00	15 3.36 55.56 13.16	2 0.45 7.41 28.57	6 1.35 22.22 4.38	27 6.05
Total	46 10.31	38 8.52	104 23.32	114 25.56	7 1.57	137 30.72	446 100.00

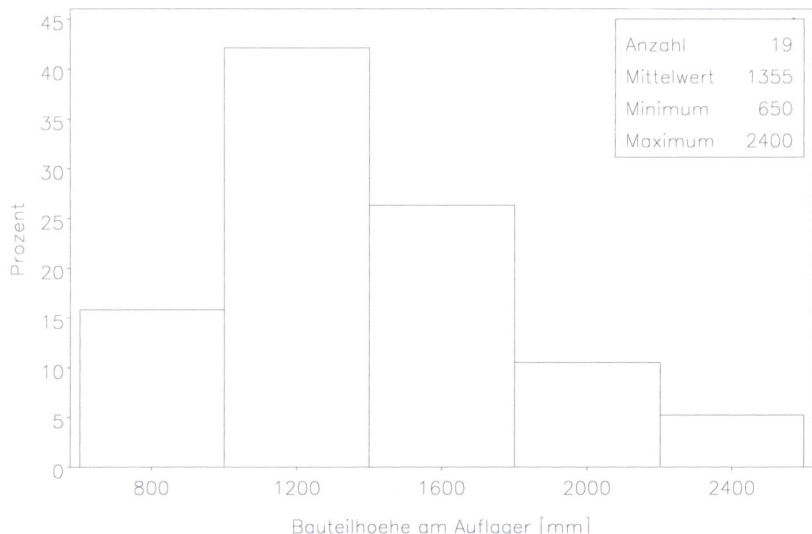

Bild A-11 Häufigkeitsverteilung der Bauteilhöhe am Auflager; Brettschichtholz-Bauteile mit Schubversagen im Auflagerbereich bzw. im Auflagerbereich und in Feldmitte

Tabelle A-12 Initialschäden (Risse in Faserrichtung, Zug- und/oder Schubbrüche) und Bauteilformen

Frequency / Percent / Row Pct / Col Pct

	Sattelda ch	Sattelda ch UG ge neigt	Sattelda ch UG ge rade	fischbau chfoermi g	geknickt	gekruemm t	gerade	keine An gabe	parallel	trapezfo ermig	Total
Risse in Faserri chtung	15 3.91 3.91 100.00	116 26.01 30.21 97.48	52 11.66 13.54 81.25	9 2.02 2.34 81.82	9 2.02 2.34 81.82	26 5.83 6.77 89.66	115 25.78 29.95 77.18	27 6.05 7.03 90.00	0 0.00 0.00 0.00	15 3.36 3.91 93.75	384 86.10
Schubbruch	0 0.00 0.00 0.00	1 0.22 3.85 0.84	9 2.02 34.62 14.06	1 0.22 3.85 9.09	0 0.00 0.00 0.00	2 0.45 7.69 6.90	11 2.47 42.31 7.38	1 0.22 3.85 3.33	1 0.22 3.85 50.00	0 0.00 0.00 0.00	26 5.83
Zug- o. Schubbru ch	0 0.00 0.00 0.00	1 0.22 11.11 0.84	0 0.00 0.00 0.00	0 0.00 0.00 0.00	0 0.00 0.00 0.00	1 0.22 11.11 3.45	5 1.12 55.56 3.36	1 0.22 11.11 3.33	1 0.22 11.11 50.00	0 0.00 0.00 0.00	9 2.02
Zugbruch	0 0.00 0.00 0.00	1 0.22 3.70 0.84	3 0.67 11.11 4.69	1 0.22 3.70 9.09	2 0.45 7.41 18.18	0 0.00 0.00 0.00	18 4.04 66.67 12.08	1 0.22 3.70 3.33	0 0.00 0.00 0.00	1 0.22 3.70 6.25	27 6.05
Total	15 3.36	119 26.68	64 14.35	11 2.47	11 2.47	29 6.50	149 33.41	30 6.73	2 0.45	16 3.59	446 100.00

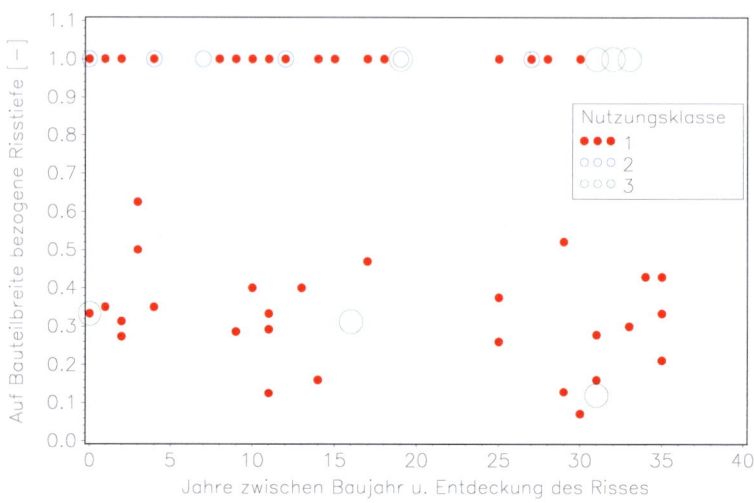

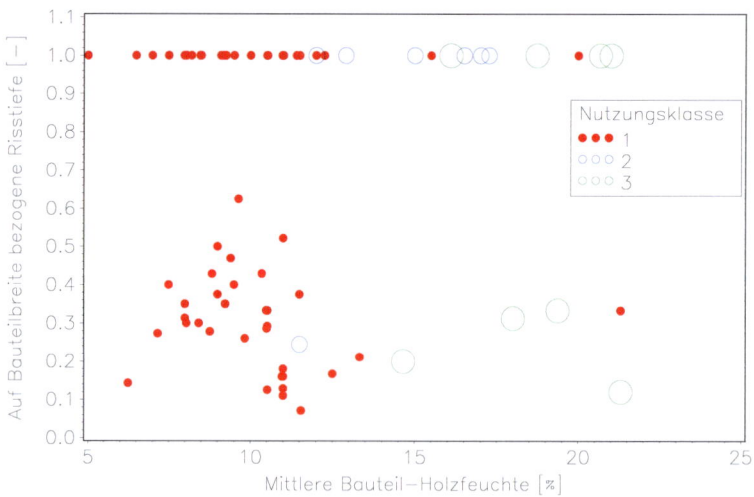

Bild A-12 Bezogene Risstiefe (oben) über der Spanne zwischen Baujahr und Entdeckung des Risses und (unten) über der mittleren Bauteil-Holzfeuchte

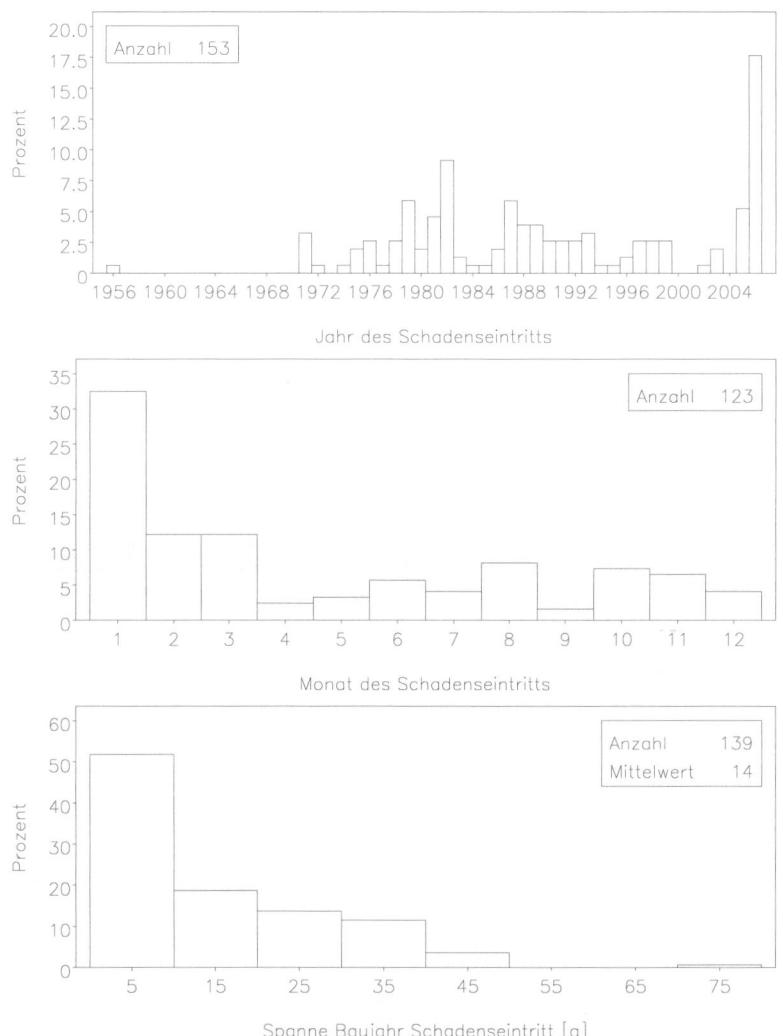

Bild A-13 Häufigkeitsverteilung (oben) des Jahres bzw. (Mitte) des Monats, in dem
ein Initialschaden tatsächlich eingetreten ist, und (unten) der Spanne Baujahr Schadenseintritt; Anzahl der Merkmalswerte nicht identisch

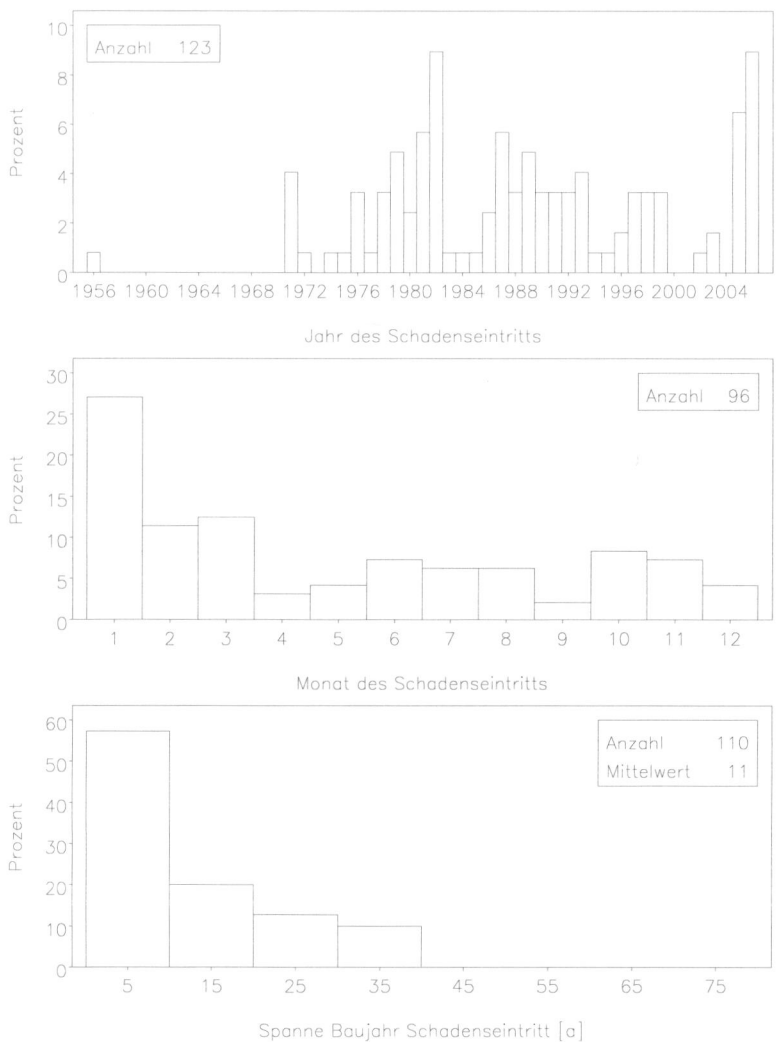

Bild A-14 Häufigkeitsverteilung (oben) des Jahres bzw. (Mitte) des Monats, in dem ein Initialschaden tatsächlich eingetreten ist, und (unten) der Spanne Baujahr Schadenseintritt; Anzahl der Merkmalswerte nicht identisch; nur standsicherheitsrelevante Initialschäden Knicken, Risse in Faserrichtung, Zug- und/oder Schubbrüche sowie Blockscheren berücksichtigt

Tabelle A-13 Standsicherheitsrelevante Initialschäden und zu Jahreszeiten zusammengefasste Monate, an denen die Schäden entdeckt wurden

```
Frequency
Percent
Row Pct
Col Pct        12-1-2   3-4-5    6-7-8    9-10-11   Total

Knicken           4        0        2        0        6
               1.11     0.00     0.56     0.00     1.67
              66.67     0.00    33.33     0.00
               3.13     0.00     2.99     0.00

Risse in Faserri 107      98       57       41       303
chtung        29.81    27.30    15.88    11.42    84.40
              35.31    32.34    18.81    13.53
              83.59    86.73    85.07    80.39

Schubbruch        8        6        4        4       22
               2.23     1.67     1.11     1.11     6.13
              36.36    27.27    18.18    18.18
               6.25     5.31     5.97     7.84

Zug- o. Schubbru  1        4        1        1        7
ch             0.28     1.11     0.28     0.28     1.95
              14.29    57.14    14.29    14.29
               0.78     3.54     1.49     1.96

Zugbruch          8        5        3        5       21
               2.23     1.39     0.84     1.39     5.85
              38.10    23.81    14.29    23.81
               6.25     4.42     4.48     9.80

Total           128      113       67       51      359
               35.65    31.48    18.66    14.21   100.00

          Frequency Missing = 93
```

Hinweise: Winter = 12-1-2 = Dez. bis Feb. usw.; zu 93 Initialschäden fehlt der Monat des Schadenseintritts.

Tabelle A-14 Initialschäden und Baujahre, in Dekaden eingeteilt

Frequency Percent Row Pct Col Pct	1900 bis 1959	1960 bis 1969	1970 bis 1979	1980 bis 1989	1990 bis 1999	2000 bis 2009	Baujahr unbekann t	Total
Blaeue- o. Schim melpilze	0 0.00 0.00 0.00	1 0.18 25.00 3.57	2 0.36 50.00 1.02	0 0.00 0.00 0.00	0 0.00 0.00 0.00	0 0.00 0.00 0.00	1 0.18 25.00 0.72	4 0.73
Blockscheren	0 0.00 0.00 0.00	0 0.00 0.00 0.00	0 0.00 0.00 0.00	0 0.00 0.00 0.00	0 0.00 0.00 0.00	0 0.00 0.00 0.00	2 0.36 100.00 1.44	2 0.36
Durchfeuchtung	0 0.00 0.00 0.00	0 0.00 0.00 0.00	4 0.73 40.00 2.03	2 0.36 20.00 2.02	0 0.00 0.00 0.00	1 0.18 10.00 7.69	3 0.55 30.00 2.16	10 1.82
Faeule	3 0.55 10.34 33.33	3 0.55 10.34 10.71	11 2.00 37.93 5.58	3 0.55 10.34 3.03	1 0.18 3.45 1.54	0 0.00 0.00 0.00	8 1.45 27.59 5.76	29 5.27
Knicken	1 0.18 16.67 11.11	1 0.18 16.67 3.57	3 0.55 50.00 1.52	0 0.00 0.00 0.00	0 0.00 0.00 0.00	0 0.00 0.00 0.00	1 0.18 16.67 0.72	6 1.09
Korrosion	0 0.00 0.00 0.00	1 0.18 20.00 3.57	3 0.55 60.00 1.52	0 0.00 0.00 0.00	0 0.00 0.00 0.00	0 0.00 0.00 0.00	1 0.18 20.00 0.72	5 0.91
Querdruckversage n	0 0.00 0.00 0.00	0 0.00 0.00 0.00	0 0.00 0.00 0.00	1 0.18 100.00 1.01	0 0.00 0.00 0.00	0 0.00 0.00 0.00	0 0.00 0.00 0.00	1 0.18
Total	9 1.64	28 5.09	197 35.82	99 18.00	65 11.82	13 2.36	139 25.27	550 100.00

(Continued)

Tabelle A-14 (Forts.) Initialschäden und Baujahre, in Dekaden eingeteilt

```
Frequency
Percent
Row Pct
Col Pct
```

	1900 bis 1959	1960 bis 1969	1970 bis 1979	1980 bis 1989	1990 bis 1999	2000 bis 2009	Baujahr unbekannt	Total
Risse in Faserri chtung	2	10	130	77	53	12	100	384
	0.36	1.82	23.64	14.00	9.64	2.18	18.18	69.82
	0.52	2.60	33.85	20.05	13.80	3.13	26.04	
	22.22	35.71	65.99	77.78	81.54	92.31	71.94	
Schubbruch	0	0	13	5	5	0	3	26
	0.00	0.00	2.36	0.91	0.91	0.00	0.55	4.73
	0.00	0.00	50.00	19.23	19.23	0.00	11.54	
	0.00	0.00	6.60	5.05	7.69	0.00	2.16	
Zug- o. Schubbru ch	0	1	4	1	0	0	3	9
	0.00	0.18	0.73	0.18	0.00	0.00	0.55	1.64
	0.00	11.11	44.44	11.11	0.00	0.00	33.33	
	0.00	3.57	2.03	1.01	0.00	0.00	2.16	
Zugbruch	0	1	15	1	2	0	8	27
	0.00	0.18	2.73	0.18	0.36	0.00	1.45	4.91
	0.00	3.70	55.56	3.70	7.41	0.00	29.63	
	0.00	3.57	7.61	1.01	3.08	0.00	5.76	
bedenkliche Verf ormung	2	3	2	2	2	0	3	14
	0.36	0.55	0.36	0.36	0.36	0.00	0.55	2.55
	14.29	21.43	14.29	14.29	14.29	0.00	21.43	
	22.22	10.71	1.02	2.02	3.08	0.00	2.16	
ohne	0	0	1	2	2	0	2	7
	0.00	0.00	0.18	0.36	0.36	0.00	0.36	1.27
	0.00	0.00	14.29	28.57	28.57	0.00	28.57	
	0.00	0.00	0.51	2.02	3.08	0.00	1.44	
unbekannt	1	7	9	5	0	0	4	26
	0.18	1.27	1.64	0.91	0.00	0.00	0.73	4.73
	3.85	26.92	34.62	19.23	0.00	0.00	15.38	
	11.11	25.00	4.57	5.05	0.00	0.00	2.88	
Total	9	28	197	99	65	13	139	550
	1.64	5.09	35.82	18.00	11.82	2.36	25.27	100.00

Tabelle A-15 Initialschäden und Bewertungen zur Standsicherheit

Frequency
Percent
Row Pct

Col Pct	Einsturz Bauteil	Einsturz Tragwerk	Versagen Bauteil	Versagen Tragwerk	gefaehrdet	gewaehrleistet	keine Angabe	noch gewaehrleistet	Total
Blaeue- o. Schimmelpilze	0 0.00 0.00 0.00	0 0.00 0.00 0.00	0 0.00 0.00 0.00	0 0.00 0.00 0.00	0 0.00 0.00 0.00	1 0.18 25.00 2.33	2 0.36 50.00 1.27	1 0.18 25.00 1.27	4 0.73
Blockscheren	0 0.00 0.00 0.00	0 0.00 0.00 0.00	1 0.18 50.00 1.30	0 0.00 0.00 0.00	1 0.18 50.00 0.74	0 0.00 0.00 0.00	0 0.00 0.00 0.00	0 0.00 0.00 0.00	2 0.36
Durchfeuchtung	0 0.00 0.00 0.00	0 0.00 0.00 0.00	0 0.00 0.00 0.00	0 0.00 0.00 0.00	3 0.55 30.00 2.22	0 0.00 0.00 0.00	4 0.73 40.00 2.53	3 0.55 30.00 3.80	10 1.82
Faeule	2 0.36 6.90 14.29	3 0.55 10.34 7.32	2 0.36 6.90 2.60	0 0.00 0.00 0.00	8 1.45 27.59 5.93	0 0.00 0.00 0.00	8 1.45 27.59 5.06	6 1.09 20.69 7.59	29 5.27
Knicken	0 0.00 0.00 0.00	1 0.18 16.67 2.44	2 0.36 33.33 2.60	1 0.18 16.67 33.33	2 0.36 33.33 1.48	0 0.00 0.00 0.00	0 0.00 0.00 0.00	0 0.00 0.00 0.00	6 1.09
Korrosion	0 0.00 0.00 0.00	1 0.18 20.00 2.44	0 0.00 0.00 0.00	0 0.00 0.00 0.00	1 0.18 20.00 0.74	0 0.00 0.00 0.00	1 0.18 20.00 0.63	2 0.36 40.00 2.53	5 0.91
Querdruckversagen	0 0.00 0.00 0.00	0 0.00 0.00 0.00	0 0.00 0.00 0.00	0 0.00 0.00 0.00	1 0.18 100.00 0.74	0 0.00 0.00 0.00	0 0.00 0.00 0.00	0 0.00 0.00 0.00	1 0.18
Total	14 2.55	41 7.45	77 14.00	3 0.55	135 24.55	43 7.82	158 28.73	79 14.36	550 100.00

(Continued)

Tabelle A-15 (Forts.) Initialschäden und Bewertungen zur Standsicherheit

```
Frequency
Percent
Row Pct
Col Pct        Einsturz  Einsturz  Versagen  Versagen  gefaehrd  gewaehrl  keine An  noch gew   Total
               Bauteil   Tragwer   Bauteil   Tragwer   et        eistet    gabe      aehrleis
                         k                   k                                       tet
```

	Einsturz Bauteil	Einsturz Tragwerk	Versagen Bauteil	Versagen Tragwerk	gefaehrdet	gewaehrleistet	keine Angabe	noch gewaehrleistet	Total
Risse in Faserrichtung	2	5	43	0	102	35	134	63	384
	0.36	0.91	7.82	0.00	18.55	6.36	24.36	11.45	69.82
	0.52	1.30	11.20	0.00	26.56	9.11	34.90	16.41	
	14.29	12.20	55.84	0.00	75.56	81.40	84.81	79.75	
Schubbruch	3	2	13	0	7	0	1	0	26
	0.55	0.36	2.36	0.00	1.27	0.00	0.18	0.00	4.73
	11.54	7.69	50.00	0.00	26.92	0.00	3.85	0.00	
	21.43	4.88	16.88	0.00	5.19	0.00	0.63	0.00	
Zug- o. Schubbruch	2	4	3	0	0	0	0	0	9
	0.36	0.73	0.55	0.00	0.00	0.00	0.00	0.00	1.64
	22.22	44.44	33.33	0.00	0.00	0.00	0.00	0.00	
	14.29	9.76	3.90	0.00	0.00	0.00	0.00	0.00	
Zugbruch	4	5	13	1	3	0	1	0	27
	0.73	0.91	2.36	0.18	0.55	0.00	0.18	0.00	4.91
	14.81	18.52	48.15	3.70	11.11	0.00	3.70	0.00	
	28.57	12.20	16.88	33.33	2.22	0.00	0.63	0.00	
bedenkliche Verformung	0	0	0	1	4	3	2	4	14
	0.00	0.00	0.00	0.18	0.73	0.55	0.36	0.73	2.55
	0.00	0.00	0.00	7.14	28.57	21.43	14.29	28.57	
	0.00	0.00	0.00	33.33	2.96	6.98	1.27	5.06	
ohne	0	0	0	0	1	4	2	0	7
	0.00	0.00	0.00	0.00	0.18	0.73	0.36	0.00	1.27
	0.00	0.00	0.00	0.00	14.29	57.14	28.57	0.00	
	0.00	0.00	0.00	0.00	0.74	9.30	1.27	0.00	
unbekannt	1	20	0	0	2	0	3	0	26
	0.18	3.64	0.00	0.00	0.36	0.00	0.55	0.00	4.73
	3.85	76.92	0.00	0.00	7.69	0.00	11.54	0.00	
	7.14	48.78	0.00	0.00	1.48	0.00	1.90	0.00	
Total	14	41	77	3	135	43	158	79	550
	2.55	7.45	14.00	0.55	24.55	7.82	28.73	14.36	100.00

Tabelle A-16 Allgemeine Fehlerquellen und Gutachter/Berichterstatter

```
Frequency
Percent
Row Pct
Col Pct        A       B       C       D       E       F       G      Sonstige    Total
```

	A	B	C	D	E	F	G	Sonstige	Total
Ausfuehrung	3	5	2	0	14	0	0	28	52
	0.30	0.51	0.20	0.00	1.42	0.00	0.00	2.84	5.28
	5.77	9.62	3.85	0.00	26.92	0.00	0.00	53.85	
	6.00	3.45	8.33	0.00	10.45	0.00	0.00	5.19	
Bauphysik	2	3	3	0	17	0	6	28	59
	0.20	0.30	0.30	0.00	1.73	0.00	0.61	2.84	5.99
	3.39	5.08	5.08	0.00	28.81	0.00	10.17	47.46	
	4.00	2.07	12.50	0.00	12.69	0.00	11.11	5.19	
Belastung	3	9	7	0	6	0	2	78	105
	0.30	0.91	0.71	0.00	0.61	0.00	0.20	7.92	10.66
	2.86	8.57	6.67	0.00	5.71	0.00	1.90	74.29	
	6.00	6.21	29.17	0.00	4.48	0.00	3.70	14.44	
Feuchtigkeit	0	0	0	1	3	2	1	14	21
	0.00	0.00	0.00	0.10	0.30	0.20	0.10	1.42	2.13
	0.00	0.00	0.00	4.76	14.29	9.52	4.76	66.67	
	0.00	0.00	0.00	4.55	2.24	12.50	1.85	2.59	
Instandhaltung	0	0	0	0	4	0	2	4	10
	0.00	0.00	0.00	0.00	0.41	0.00	0.20	0.41	1.02
	0.00	0.00	0.00	0.00	40.00	0.00	20.00	40.00	
	0.00	0.00	0.00	0.00	2.99	0.00	3.70	0.74	
Klimawechsel	9	20	2	2	25	5	7	56	126
	0.91	2.03	0.20	0.20	2.54	0.51	0.71	5.69	12.79
	7.14	15.87	1.59	1.59	19.84	3.97	5.56	44.44	
	18.00	13.79	8.33	9.09	18.66	31.25	12.96	10.37	
Total	50	145	24	22	134	16	54	540	985
	5.08	14.72	2.44	2.23	13.60	1.62	5.48	54.82	100.00

(Continued)

Tabelle A-16 (Forts.) Allgemeine Fehlerquellen und Gutachter/Berichterstatter

```
Frequency
Percent
Row Pct
Col Pct        A        B        C        D        E        F        G       Sonstige   Total
```

	A	B	C	D	E	F	G	Sonstige	Total
Konstruktion	15	41	5	6	28	4	18	172	289
	1.52	4.16	0.51	0.61	2.84	0.41	1.83	17.46	29.34
	5.19	14.19	1.73	2.08	9.69	1.38	6.23	59.52	
	30.00	28.28	20.83	27.27	20.90	25.00	33.33	31.85	
Materialqualitaet	8	12	1	2	11	0	2	45	81
	0.81	1.22	0.10	0.20	1.12	0.00	0.20	4.57	8.22
	9.88	14.81	1.23	2.47	13.58	0.00	2.47	55.56	
	16.00	8.28	4.17	0.00	8.21	0.00	3.70	8.33	
Montage	0	1	0	3	3	0	1	14	22
	0.00	0.10	0.00	0.30	0.30	0.00	0.10	1.42	2.23
	0.00	4.55	0.00	13.64	13.64	0.00	4.55	63.64	
	0.00	0.69	0.00	13.64	2.24	0.00	1.85	2.59	
Planung	3	18	1	5	12	0	9	16	64
	0.30	1.83	0.10	0.51	1.22	0.00	0.91	1.62	6.50
	4.69	28.13	1.56	7.81	18.75	0.00	14.06	25.00	
	6.00	12.41	4.17	22.73	8.96	0.00	16.67	2.96	
Schwinden o. Quellen	7	28	3	3	11	2	2	41	97
	0.71	2.84	0.30	0.30	1.12	0.20	0.20	4.16	9.85
	7.22	28.87	3.09	3.09	11.34	2.06	2.06	42.27	
	14.00	19.31	12.50	13.64	8.21	12.50	3.70	7.59	
keine Angabe	0	8	0	0	0	3	4	44	59
	0.00	0.81	0.00	0.00	0.00	0.30	0.41	4.47	5.99
	0.00	13.56	0.00	0.00	0.00	5.08	6.78	74.58	
	0.00	5.52	0.00	0.00	0.00	18.75	7.41	8.15	
Total	50	145	24	22	134	16	54	540	985
	5.08	14.72	2.44	2.23	13.60	1.62	5.48	54.82	100.00

Tabelle A-17 Initialschäden und Fehlerquellen

```
Frequency
Percent
Row Pct
Col Pct
```

	Ausfuehr ung	Bauphysi k	Belastun g	Feuchtig keit	Instandh altung	Klimawec hsel	Total
Blaeue- o. Schim melpilze	1 0.10 16.67 1.92	4 0.41 66.67 6.78	0 0.00 0.00 0.00	1 0.10 16.67 4.76	0 0.00 0.00 0.00	0 0.00 0.00 0.00	6 0.61
Blockscheren	0 0.00 0.00 0.00	0 0.00 0.00 0.00	0 0.00 0.00 0.00	0 0.00 0.00 0.00	0 0.00 0.00 0.00	0 0.00 0.00 0.00	2 0.20
Durchfeuchtung	0 0.00 0.00 0.00	7 0.71 63.64 11.86	0 0.00 0.00 0.00	2 0.20 18.18 9.52	0 0.00 0.00 0.00	0 0.00 0.00 0.00	11 1.12
Faeule	0 0.00 0.00 0.00	5 0.51 11.90 8.47	① 0.10 2.38 0.95	8 0.81 19.05 38.10	7 0.71 16.67 70.00	0 0.00 0.00 0.00	42 4.26
Knicken	2 0.20 25.00 3.85	0 0.00 0.00 0.00	3 0.30 37.50 2.86	0 0.00 0.00 0.00	0 0.00 0.00 0.00	0 0.00 0.00 0.00	8 0.81
Korrosion	0 0.00 0.00 0.00	2 0.20 40.00 3.39	0 0.00 0.00 0.00	2 0.20 40.00 9.52	0 0.00 0.00 0.00	0 0.00 0.00 0.00	5 0.51
Querdruckversage n	0 0.00 0.00 0.00	0 0.00 0.00 0.00	0 0.00 0.00 0.00	0 0.00 0.00 0.00	0 0.00 0.00 0.00	0 0.00 0.00 0.00	2 0.20
Total	52 5.28	59 5.99	105 10.66	21 2.13	10 1.02	126 12.79	985 100.00

(Continued)

Hinweis: Die eingekreiste Beziehung zwischen Fäule und Belastung erklärt sich dadurch, dass ein aufgrund eines zunächst ungenügenden baulichen Holzschutzes durch Fäule geschwächtes Bauteil schließlich durch Überlastung versagte.

Tabelle A-17 (Forts.) Initialschäden und Fehlerquellen

```
Frequency
Percent
Row Pct
Col Pct        Ausfuehr Bauphysi Belastun Feuchtig Instandh Klimawec   Total
               ung      k        g        keit     altung   hsel


Risse in Faserri    22       32       45        4        0      119      718
chtung            2.23     3.25     4.57     0.41     0.00    12.08    72.89
                  3.06     4.46     6.27     0.56     0.00    16.57
                 42.31    54.24    42.86    19.05     0.00    94.44

Schubbruch           5        4       10        1        0        6       60
                  0.51     0.41     1.02     0.10     0.00     0.61     6.09
                  8.33     6.67    16.67     1.67     0.00    10.00
                  9.62     6.78     9.52     4.76     0.00     4.76

Zug- o. Schubbru     0        0        8        0        0        1       15
ch                0.00     0.00     0.81     0.00     0.00     0.10     1.52
                  0.00     0.00    53.33     0.00     0.00     6.67
                  0.00     0.00     7.62     0.00     0.00     0.79

Zugbruch            10        3       14        2        1        0       55
                  1.02     0.30     1.42     0.20     0.10     0.00     5.58
                 18.18     5.45    25.45     3.64     1.82     0.00
                 19.23     5.08    13.33     9.52    10.00     0.00

bedenkliche Verf     5        2        7        0        0        0       21
ormung            0.51     0.20     0.71     0.00     0.00     0.00     2.13
                 23.81     9.52    33.33     0.00     0.00     0.00
                  9.62     3.39     6.67     0.00     0.00     0.00

ohne                 1        0        0        0        0        0        7
                  0.10     0.00     0.00     0.00     0.00     0.00     0.71
                 14.29     0.00     0.00     0.00     0.00     0.00
                  1.92     0.00     0.00     0.00     0.00     0.00

unbekannt            6        0       17        1        2        0       33
                  0.61     0.00     1.73     0.10     0.20     0.00     3.35
                 18.18     0.00    51.52     3.03     6.06     0.00
                 11.54     0.00    16.19     4.76    20.00     0.00

Total               52       59      105       21       10      126      985
                  5.28     5.99    10.66     2.13     1.02    12.79   100.00
(Continued)
```

Tabelle A-17 (Forts.) Initialschäden und Fehlerquellen

```
Frequency
Percent
Row Pct
Col Pct
```

	Konstruk tion	Material qualitae t	Montage	Planung	Schwinde n o. Que llen	keine An gabe	Total
Blaeue- o. Schim melpilze	0 0.00 0.00 0.00	0 0.00 0.00 0.00	0 0.00 0.00 0.00	0 0.00 0.00 0.00	0 0.00 0.00 0.00	0 0.00 0.00 0.00	6 0.61
Blockscheren	0 0.00 0.00 0.00	0 0.00 0.00 0.00	0 0.00 0.00 0.00	0 0.00 0.00 0.00	0 0.00 0.00 0.00	2 0.20 100.00 3.39	2 0.20
Durchfeuchtung	1 0.10 9.09 0.35	0 0.00 0.00 0.00	1 0.10 9.09 4.55	0 0.00 0.00 0.00	0 0.00 0.00 0.00	0 0.00 0.00 0.00	11 1.12
Faeule	16 1.62 38.10 5.54	1 0.10 2.38 1.23	0 0.00 0.00 0.00	0 0.00 0.00 0.00	0 0.00 0.00 0.00	4 0.41 9.52 6.78	42 4.26
Knicken	0 0.00 0.00 0.00	0 0.00 0.00 0.00	0 0.00 0.00 0.00	2 0.20 25.00 3.13	0 0.00 0.00 0.00	1 0.10 12.50 1.69	8 0.81
Korrosion	1 0.10 20.00 0.35	0 0.00 0.00 0.00	0 0.00 0.00 0.00	0 0.00 0.00 0.00	0 0.00 0.00 0.00	0 0.00 0.00 0.00	5 0.51
Querdruckversage n	0 0.00 0.00 0.00	0 0.00 0.00 0.00	0 0.00 0.00 0.00	2 0.20 100.00 3.13	0 0.00 0.00 0.00	0 0.00 0.00 0.00	2 0.20
Total	289 29.34	81 8.22	22 2.23	64 6.50	97 9.85	59 5.99	985 100.00

(Continued)

Tabelle A-17 (Forts.) Initialschäden und Fehlerquellen

```
Frequency
Percent
Row Pct
Col Pct
```

	Konstruktion	Materialqualitaet	Montage	Planung	Schwinden o. Quellen	keine Angabe	Total
Risse in Faserrichtung	249	51	19	44	91	42	718
	25.28	5.18	1.93	4.47	9.24	4.26	72.89
	34.68	7.10	2.65	6.13	12.67	5.85	
	86.16	62.96	86.36	68.75	93.81	71.19	
Schubbruch	12	9	0	6	5	2	60
	1.22	0.91	0.00	0.61	0.51	0.20	6.09
	20.00	15.00	0.00	10.00	8.33	3.33	
	4.15	11.11	0.00	9.38	5.15	3.39	
Zug- o. Schubbruch	3	2	0	1	0	0	15
	0.30	0.20	0.00	0.10	0.00	0.00	1.52
	20.00	13.33	0.00	6.67	0.00	0.00	
	1.04	2.47	0.00	1.56	0.00	0.00	
Zugbruch	2	13	0	8	0	2	55
	0.20	1.32	0.00	0.81	0.00	0.20	5.58
	3.64	23.64	0.00	14.55	0.00	3.64	
	0.69	16.05	0.00	12.50	0.00	3.39	
bedenkliche Verformung	2	1	1	1	(1)	1	21
	0.20	0.10	0.10	0.10	0.10	0.10	2.13
	9.52	4.76	4.76	4.76	4.76	4.76	
	0.69	1.23	4.55	1.56	1.03	1.69	
ohne	1	3	0	0	0	2	7
	0.10	0.30	0.00	0.00	0.00	0.20	0.71
	14.29	42.86	0.00	0.00	0.00	28.57	
	0.35	3.70	0.00	0.00	0.00	3.39	
unbekannt	2	1	1	0	0	3	33
	0.20	0.10	0.10	0.00	0.00	0.30	3.35
	6.06	3.03	3.03	0.00	0.00	9.09	
	0.69	1.23	4.55	0.00	0.00	5.08	
Total	289	81	22	64	97	59	985
	29.34	8.22	2.23	6.50	9.85	5.99	100.00

Hinweis: Die eingekreiste Beziehung zwischen bedenklicher Verformung und Schwinden oder Quellen erklärt sich dadurch, dass das Schwinden von Gurten eines Fachwerkträges eine Zunahme der Gesamtverformung des Fachwerkträgers verursachte.

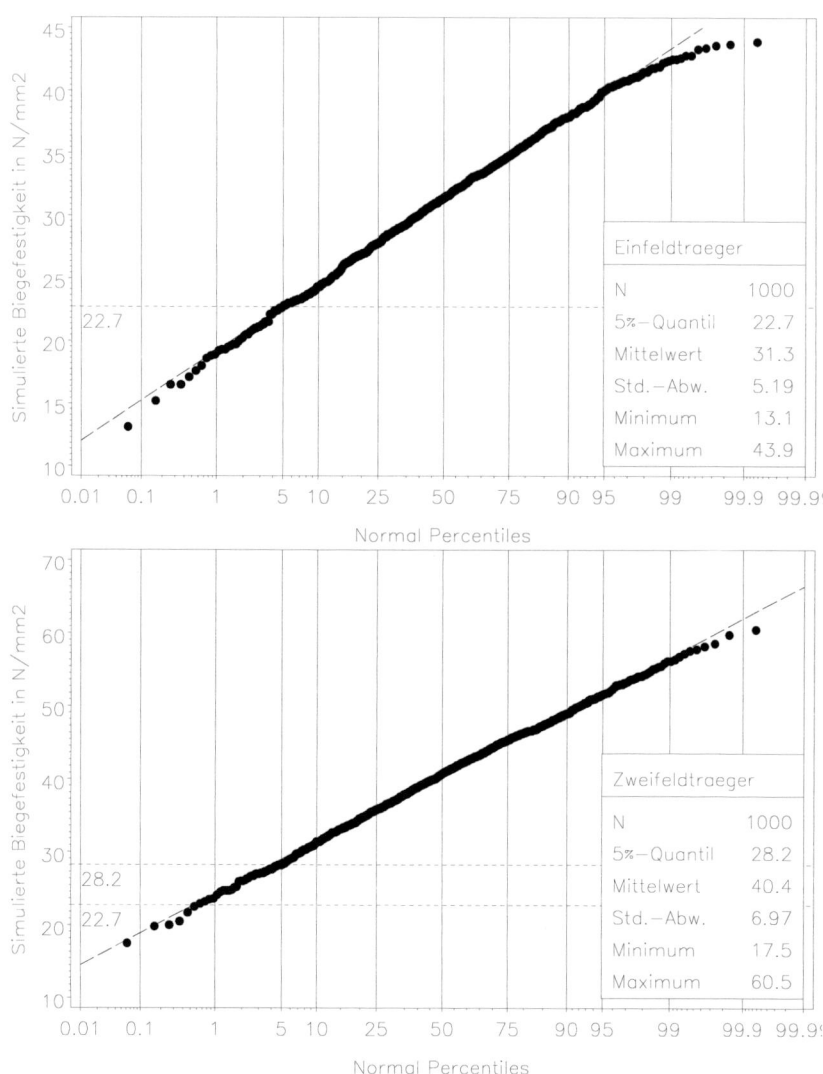

Bild A-15 Sortierverfahren VIS-1: Verteilungen der simulierten Biegefestigkeit, (oben) Einfeldträger und (unten) Zweifeldträger

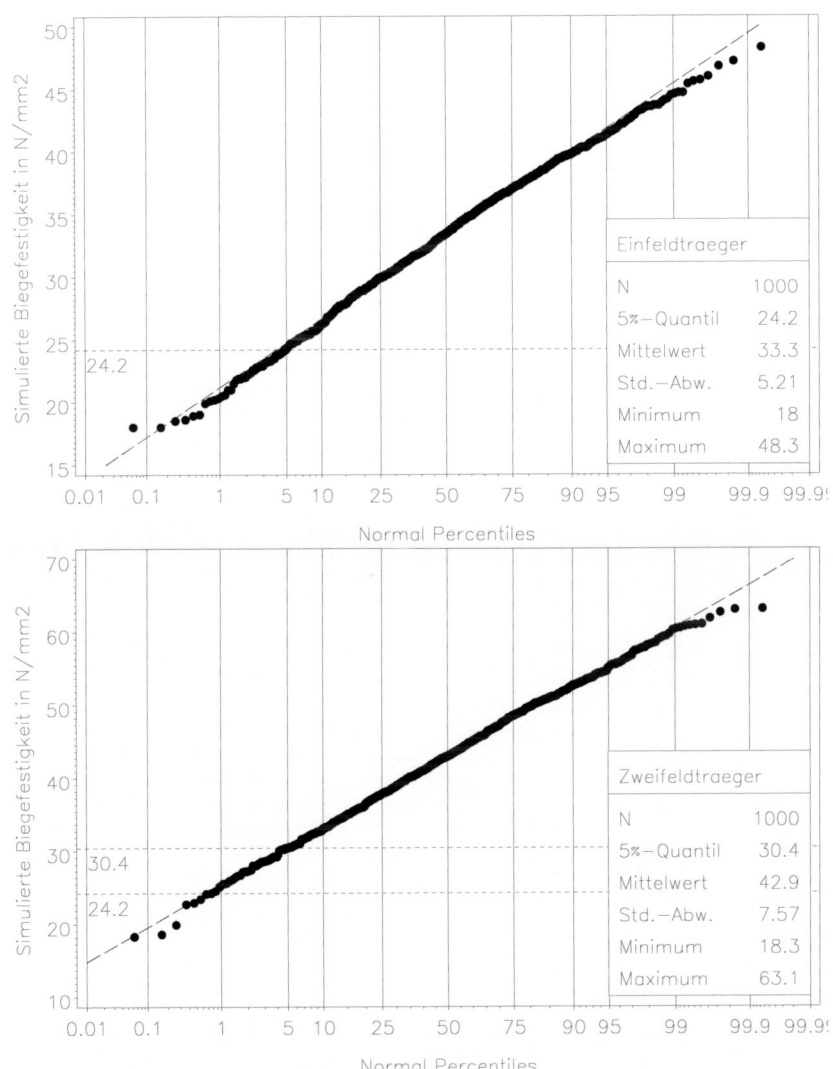

Bild A-16 Sortierverfahren VIS-2: Verteilungen der simulierten Biegefestigkeit, (oben) Einfeldträger und (unten) Zweifeldträger

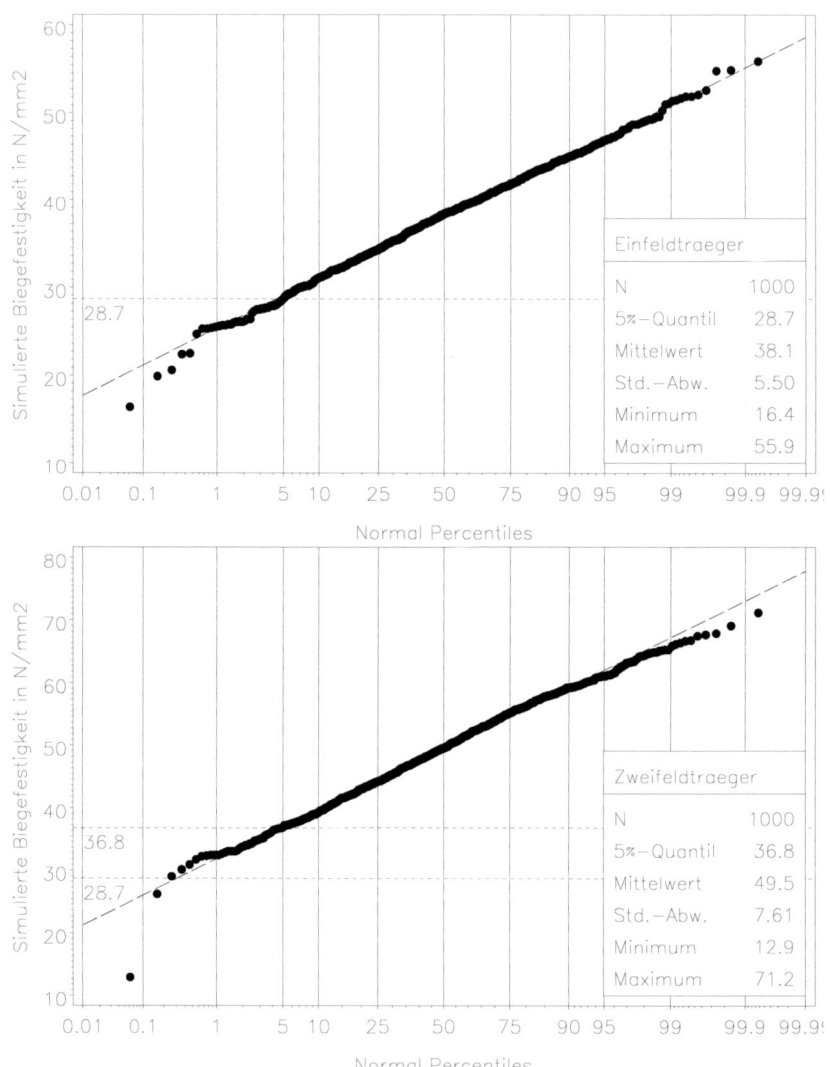

Bild A-17 Sortierverfahren VIS-3: Verteilungen der simulierten Biegefestigkeit, (o-
ben) Einfeldträger und (unten) Zweifeldträger

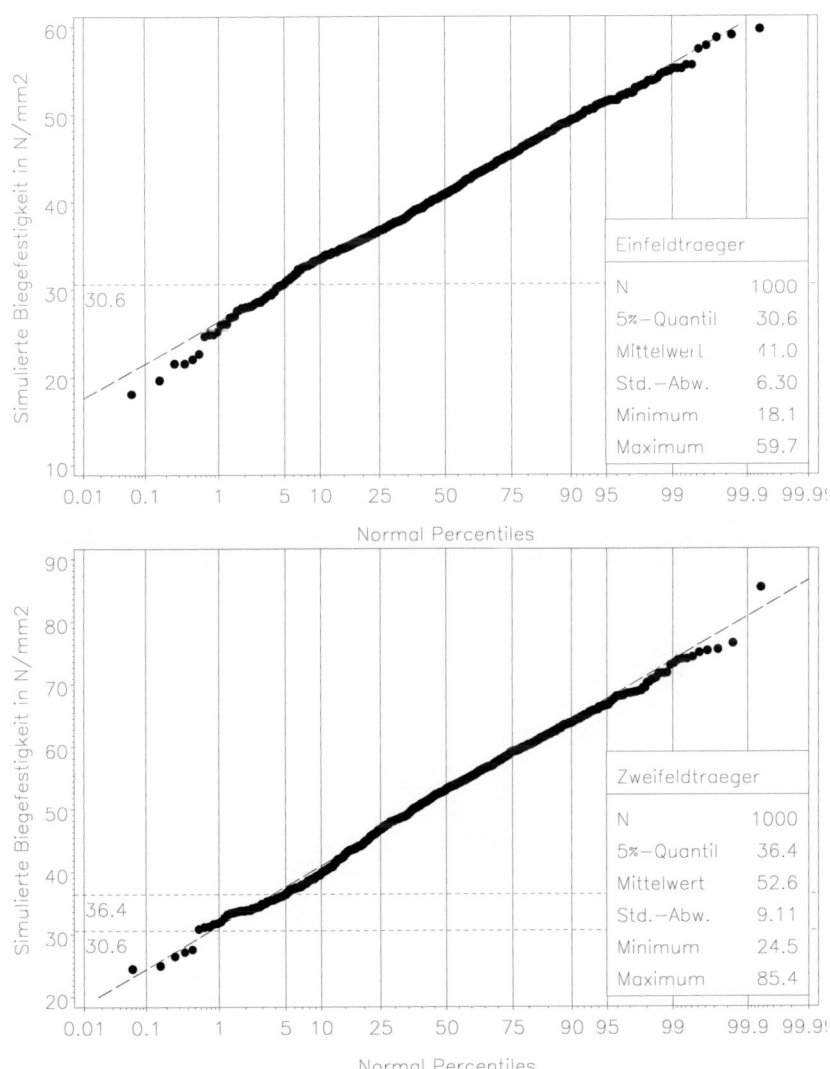

Bild A-18 Sortierverfahren RHO-1: Verteilungen der simulierten Biegefestigkeit, (o-
ben) Einfeldträger und (unten) Zweifeldträger

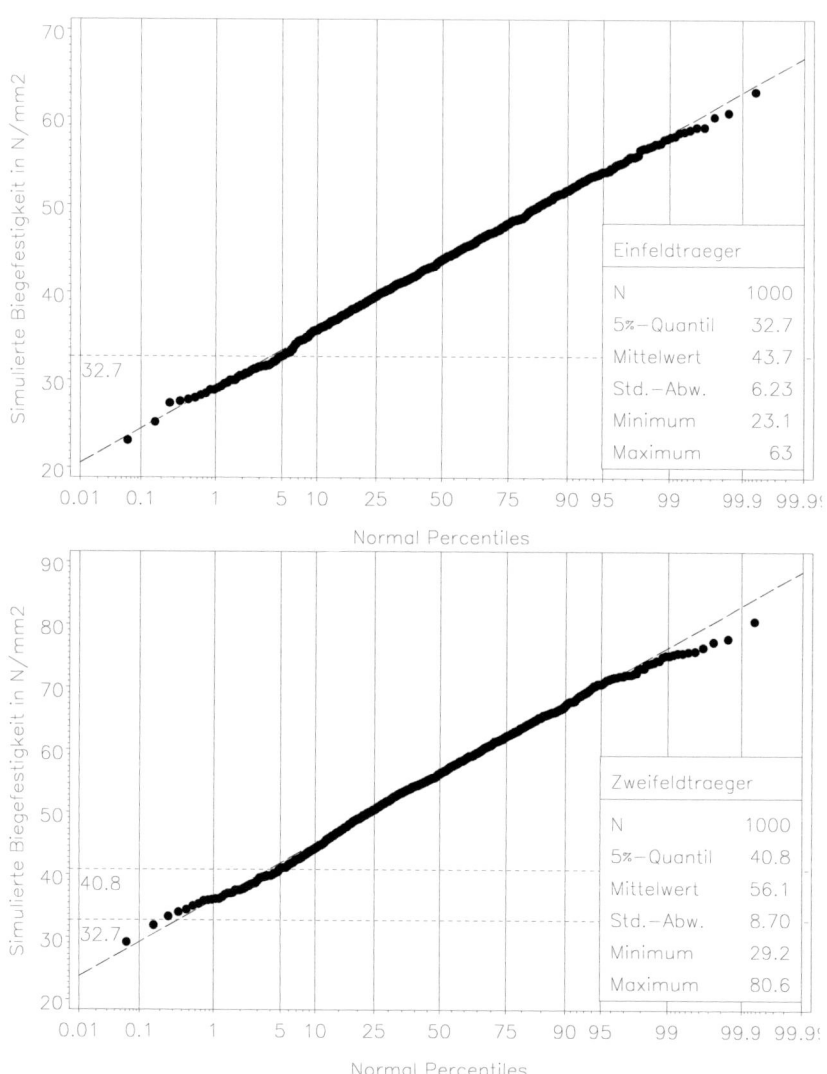

Bild A-19 Sortierverfahren RHO-2: Verteilungen der simulierten Biegefestigkeit, (o-
ben) Einfeldträger und (unten) Zweifeldträger

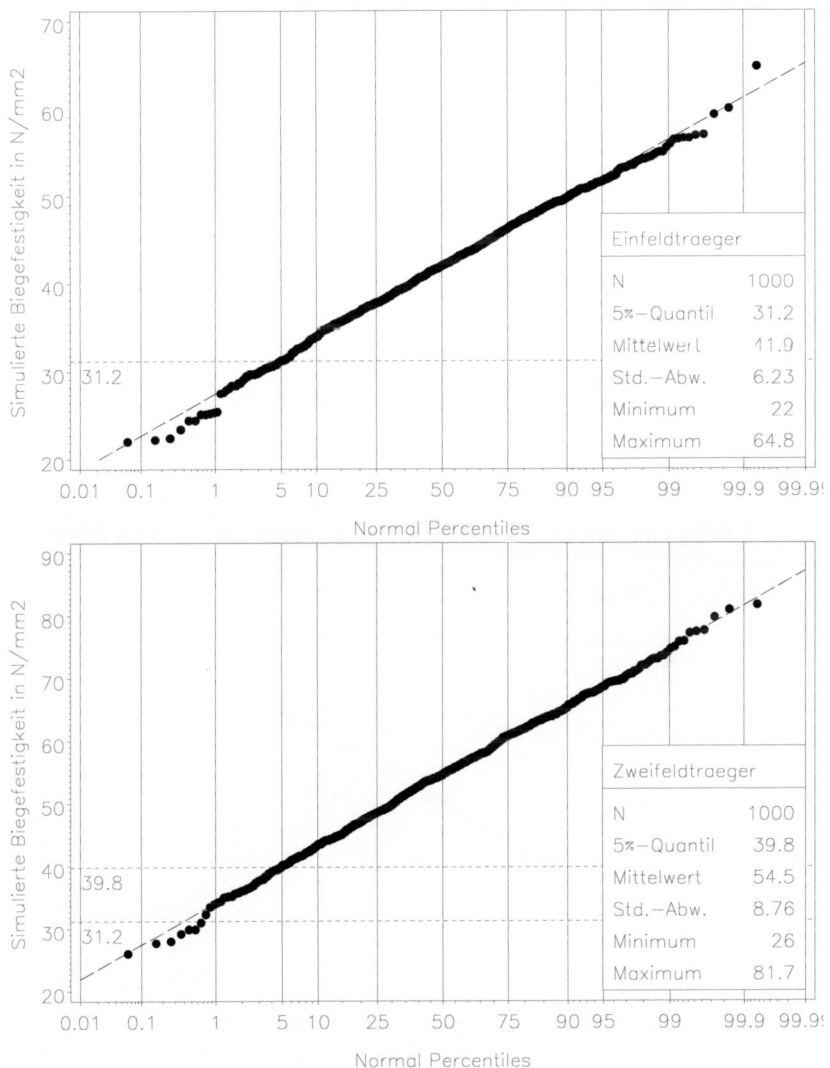

Bild A-20 Sortierverfahren EDYN-1: Verteilungen der simulierten Biegefestigkeit, (oben) Einfeldträger und (unten) Zweifeldträger

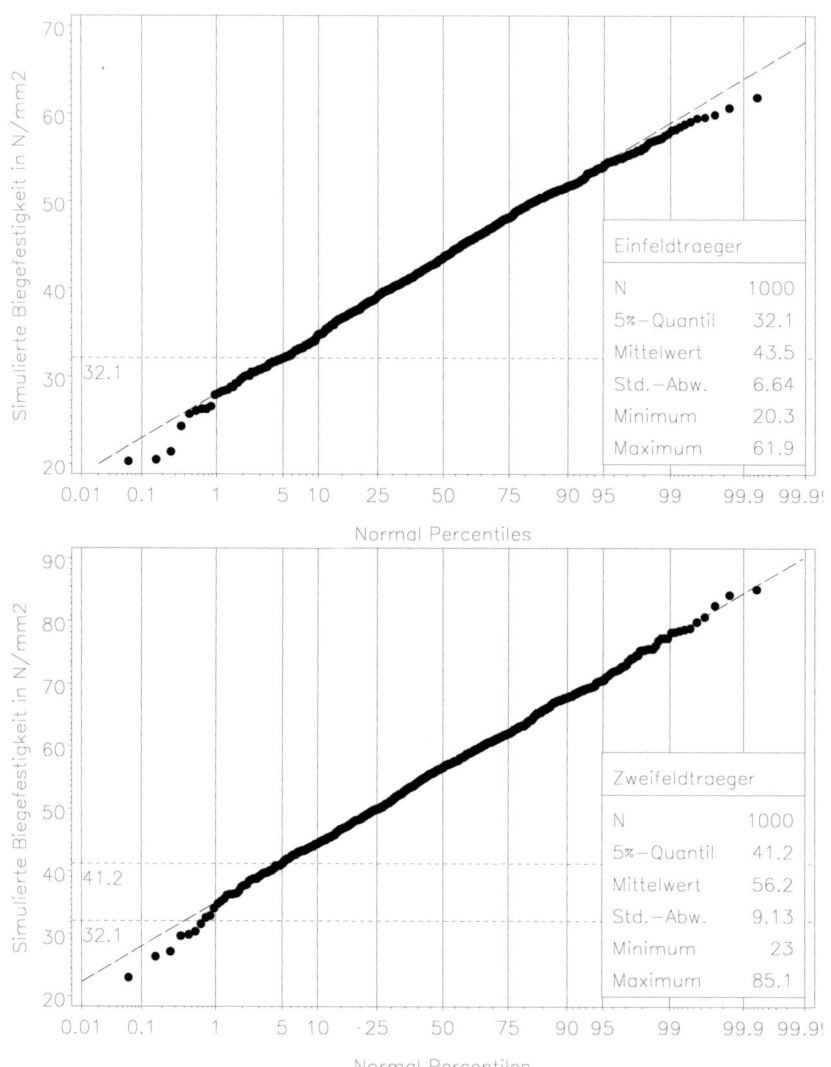

Bild A-21 Sortierverfahren EDYN-2: Verteilungen der simulierten Biegefestigkeit, (oben) Einfeldträger und (unten) Zweifeldträger

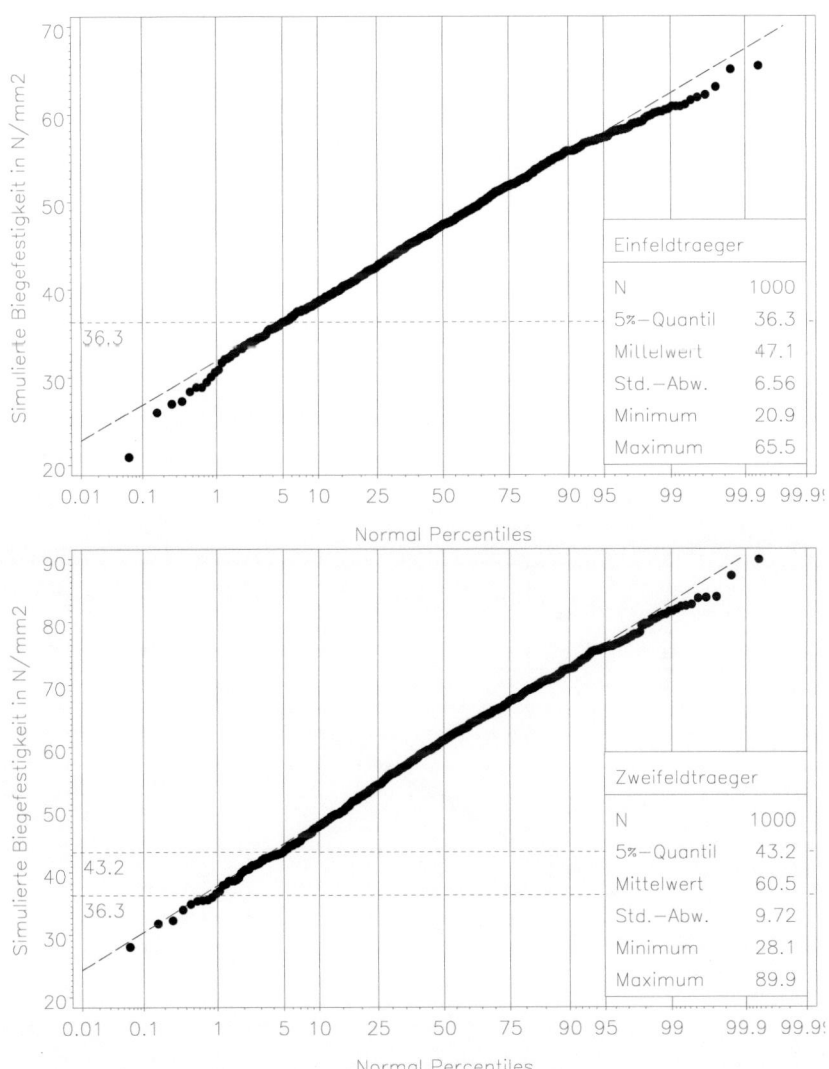

Bild A-22 Sortierverfahren EDYN-3: Verteilungen der simulierten Biegefestigkeit, (oben) Einfeldträger und (unten) Zweifeldträger

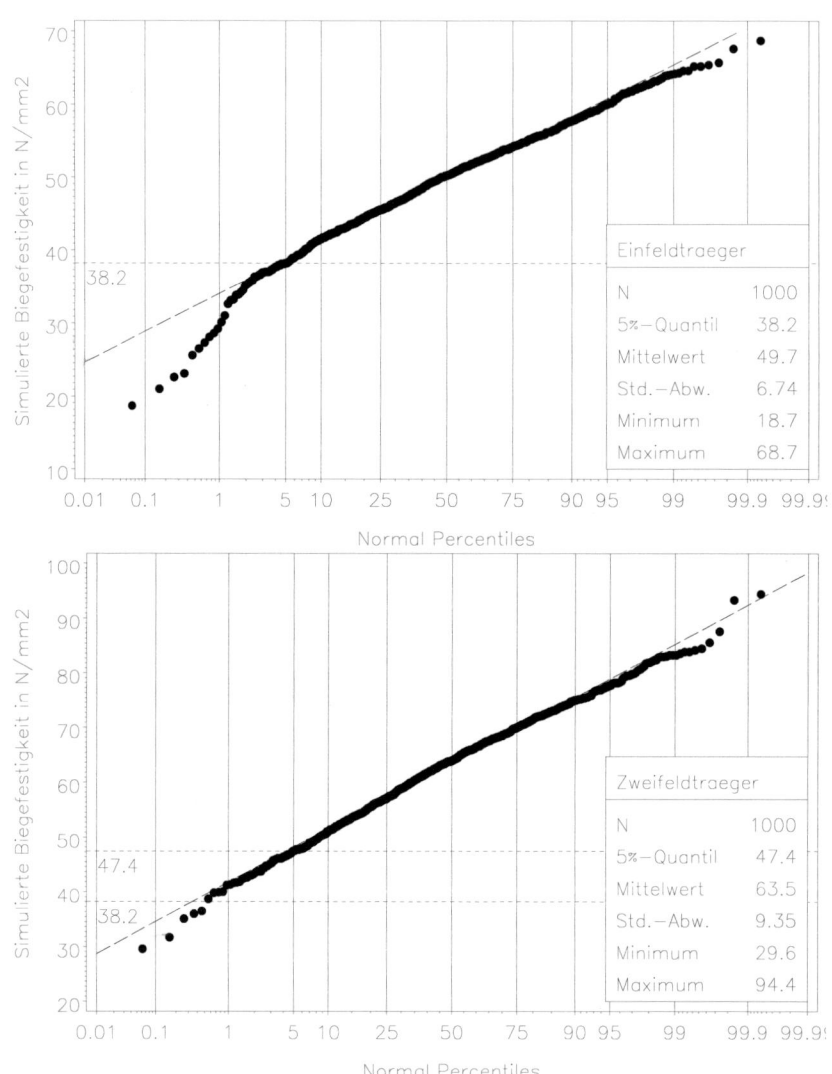

Bild A-23   Sortierverfahren EDYN-4: Verteilungen der simulierten Biegefestigkeit, (oben) Einfeldträger und (unten) Zweifeldträger